高等职业教育"互联网+"创新型系列教材

U0185625

数据库技术与应用

主 编　李红日　陈　娟　唐文芳
参 编　吴良圆　王小玲　栗　涛　孙小强

机 械 工 业 出 版 社

本书以实际的学生成绩管理系统为案例依托，从 MySQL 数据库的相关概念及理论知识出发，介绍系统需求分析、数据库设计与实施、数据库管理与优化等内容。全书共分为 10 个项目。项目 1 为学生成绩管理系统数据库的设计，项目 2 为学生成绩管理系统数据库的创建、管理与维护，项目 3 为学生成绩管理系统数据表的创建与管理，项目 4 为学生成绩管理系统中数据的操作，项目 5 为检索学生成绩管理系统中的数据，项目 6 为学生成绩管理系统数据的索引操作，项目 7 为学生成绩管理系统中视图的操作，项目 8 为学生成绩管理系统中存储过程的操作，项目 9 为学生成绩管理系统数据库中的触发器，项目 10 为学生成绩管理系统数据的安全管理。

本书附有配套数据库代码、习题、教学课件等资源。同时，为了帮助初学者更好地学习本书内容，还提供了在线答疑，希望能够得到更多读者的关注。

本书可作为高等院校本科、专科计算机相关专业的数据库课程教材，也可以作为 MySQL 数据库初学者及相关开发人员的参考书。

图书在版编目（CIP）数据

数据库技术与应用 /李红日，陈娟，唐文芳主编. —北京：
机械工业出版社，2023.9（2025.1 重印）
高等职业教育"互联网＋"创新型系列教材
ISBN 978-7-111-73914-2

Ⅰ.①数…　Ⅱ.①李…　②陈…　③唐…　Ⅲ.①SQL 语言-
数据库管理系统-高等职业教育-教材　Ⅳ.①TP311.132.3

中国国家版本馆 CIP 数据核字（2023）第 181912 号

机械工业出版社（北京市百万庄大街 22 号　邮政编码 100037）
策划编辑：赵志鹏　　　　责任编辑：赵志鹏　张翠翠
责任校对：樊钟英　丁梦卓　封面设计：马精明
责任印制：单爱军
北京虎彩文化传播有限公司印刷
2025 年 1 月第 1 版第 2 次印刷
184mm×260mm·16.75 印张·371 千字
标准书号：ISBN 978-7-111-73914-2
定价：57.00 元

电话服务　　　　　　　　　网络服务
客服电话：010-88361066　　机 工 官 网：www.cmpbook.com
　　　　　010-88379833　　机 工 官 博：weibo.com/cmp1952
　　　　　010-68326294　　金 书 网：www.golden-book.com
封底无防伪标均为盗版　　机工教育服务网：www.cmpedu.com

前　言

　　MySQL 是一种关系数据库管理系统，是目前世界上流行的数据库之一，具有开源、稳定、可靠、管理方便以及支持众多系统平台等特点。MySQL 广泛应用于互联网行业的数据存储。例如，电商、社交等网站数据的存储往往使用的都是 MySQL。

　　目前，对各类计算机人才的技能要求的其中一项是：至少掌握一种数据库的操作和使用。其中，MySQL 数据库是最常见的一种。因此，MySQL 数据库一般会作为计算机相关专业需要了解或掌握的技能之一。

　　本书基于 MySQL 数据库管理系统软件，详细介绍了数据库的设计与使用过程，内容包括学生成绩管理系统数据库的设计、数据库的创建与管理、表的创建与管理、表中数据的操作、数据的检索、数据的索引、视图的操作、存储过程的操作、触发器的操作、数据安全管理等。

　　本书具有以下特点。

1. 基于工作过程的项目化、以任务为驱动

　　本书基于工作过程的项目化、以任务为驱动，授课过程以学生成绩管理系统为载体，所有项目均遵循"任务描述""知识准备""任务实施""课后练习"这样的一套学习方案。知识准备为任务实施服务，任务实施讲解并指导学生完成任务，通过"课后练习"进行强化训练，这样，学生在完成项目的过程中会掌握数据库的设计和使用。

2. 精心构建项目，便于教学准备和实施

　　本书在选取项目时力争贴近学生的生活，将学生成绩管理系统作为贯穿课堂的授课项目，将员工工资管理系统作为课后练习的项目。

3. 以能力培养为核心进行设计

　　本书注重培养学生的实际应用能力，将理论与实践融为一体，以项目为主线组织教学内容，围绕教学的 3 条主线——课堂教学、上机实训、拓展实训来进行内容的组织，使教师讲授及学生学习均有系统性。

4. 完整的课程资源

　　为辅助学习者更好地完成学习，本书附有配套数据库代码、习题、教学课件等资源。这

些资源可有效帮助学习者更加准确地理解所学知识，对于学习难点和重点可以适时回顾和练习。

本书由李红日、陈娟、唐文芳担任主编，吴良圆、王小玲、栗涛、孙小强参与了本书的编写。

由于编者能力有限，书中难免会有不妥之处，欢迎专家和读者提出宝贵意见，我们将不胜感激。

你在阅读本书时，如发现任何问题或有不认同之处，可以通过电子邮箱与我们取得联系。请发送电子邮件至 lhr_1010@126.com。

编　者

二维码索引

（续）

序号	名称	图形	页码	序号	名称	图形	页码
15	带 BETWEEN 和 IN 关键字的范围比较条件查询		123	23	使用 SQL 语句创建带流程控制的存储过程并调用		212
16	连接查询与子查询的联系与区别		148	24	使用 SQL 语句对存储过程的维护并调用		220
17	插入、更新和删除数据子查询		160	25	使用 SQL 语句创建 INSERT 型触发器		224
18	使用 CREATE IN-DEX 语句创建索引		175	26	使用 SQL 语句创建 UPDATE 型触发器		230
19	通过视图查询数据		192	27	使用 SQL 语句创建 DELETE 型触发器		234
20	通过视图插入、修改和删除数据		195	28	使用 SQL 语句维护触发器		239
21	使用 SQL 语句创建无参的存储过程并调用		202	29	用户管理		242
22	使用 SQL 语句创建带参的存储过程并调用		207	30	权限管理		251

目　录

项目 1 学生成绩管理系统数据库的设计

知识目标

- 了解数据库与数据库技术的基本概念。
- 掌握数据库系统的组成。
- 掌握数据模型的分类和特点。
- 掌握数据库设计的过程。

能力目标

- 能对学生成绩管理系统数据库进行需求分析。
- 能对学生成绩管理系统数据库进行概念结构设计。
- 能对学生成绩管理系统数据库进行逻辑结构设计。
- 能对学生成绩管理系统数据库进行物理结构设计。

任务 1 学生成绩管理系统数据库的需求分析

【任务描述】

本任务对学生成绩管理系统数据库的数据进行详细的调查研究，收集了学生成绩管理系统的用户角色需求、实体数据及相互关系。

【知识准备】

1. 数据库基础

互联网世界充斥着大量的数据。数据的来源很多，如出行记录、消费记录、浏览的网页、发送的消息等。随着人们对数据需求的不断增加，对数据的管理也提出了更高的要求，既要实现数据的有效管理、高效访问，还要实现数据的共享与安全控制。

（1）数据管理技术的发展

数据管理技术的发展经历了人工管理阶段、文件系统阶段和数据库系统阶段3个阶段。

1）人工管理阶段。在20世纪50年代中期，计算机刚诞生不久，当时的计算机主要用于科学计算，数据量很少，在硬件方面没有直接的存储设备，在软件方面也没有操作系统及管理软件。数据由用户直接管理，无法实现保存和共享，也不独立。当数据的逻辑结构或物理结构发生变化后，必须对应用程序做相应的修改，这加重了程序员的负担。

2）文件系统阶段。在20世纪50年代后期到60年代中期，计算机不再单纯地用于计算，而是被大量地用于数据的管理。由于硬件方面出现了磁盘、磁鼓等存储设备，软件方面出现了操作系统及数据管理软件，因此，数据可以长期保存，可以用专门的软件（即文件系统）进行管理，程序和数据之间由软件提供的存取方法进行转换，使应用程序与数据之间有了一定的独立性，程序员可以不必过多地考虑物理细节，而是将精力集中于算法。但数据独立性和共享性都很差，管理和维护难度大。

3）数据库系统阶段。从20世纪60年代后期开始，计算机用于数据管理的规模不断增加，应用范围越来越广，处理的数据量急剧增加，对数据的共享要求也越来越高。随着大容量存储设备和数据库管理系统软件的出现，数据管理进入数据库系统阶段。该系统中的数据具有整体结构性，数据的独立性高，共享性好，冗余度低，所有数据都由数据库管理系统（DBMS）统一管理和控制。

（2）数据库的概念

数据库（Database，DB）顾名思义就是数据的仓库，是一个长期存储在计算机内的、有组织的、可共享的、统一管理的大量数据的集合。它不仅包括描述事物的数据本身，而且还包括相关事物之间的联系，因此它的主要功能是对数据进行组织、存储和管理。除了文本类型的数据，图像、音乐、声音等都是数据。

数据库的概念包含两层意思。

1）数据库是一个实体，它是能够合理保管数据的"仓库"。用户在该"仓库"中存放要管理的事务数据。"数据"和"库"两个概念结合为数据库。

2）数据库是数据管理的新方法和技术，它能更合适地组织数据、更方便地维护数据、更严密地控制数据和更有效地利用数据。

数据库作为很重要的基础软件，是确保计算机系统稳定运行的基石。

（3）数据库管理系统

数据库管理系统（Database Management System，DBMS）是为操纵和管理数据库而设计的软件系统，它是数据库系统的核心组成部分，可以对数据库进行统一的管理和控制，以保证数据库的安全性和完整性。它主要实现数据库对象的创建，数据库存储数据的查询、添加、修改与删除操作，和进行数据库的用户管理、权限管理等。

常见的数据库管理系统有Microsoft Access、Microsoft SQL Server、Oracle、MySQL、DB2等。

（4）数据库设计的基本过程

1）需求分析阶段：综合各个用户的应用需求。

2）概念结构设计阶段：通过对用户需求进行综合、归纳与抽象，形成一个独立于具体 DBMS 的概念模型（E - R 图）。

3）逻辑结构设计阶段：将概念设计阶段完成的概念模型转换成能被选定的数据库管理系统（DBMS）支持的数据模型。

4）物理结构设计阶段：根据 DBMS 的特点和处理的需要进行物理存储安排，建立索引，形成数据库内模式。

2. 需求分析

需求分析是整个设计过程的基础，是设计数据库的起点，是最困难和最耗费时间的一步。这一步是否做得充分与准确，决定了在其上所构建数据库"大厦"的速度与质量，同时也会影响软件开发后面各个阶段的设计，甚至影响整个项目的质量。

（1）什么是需求分析

需求分析也称为软件需求分析、系统需求分析或需求分析工程等，是开发人员经过深入细致的调研和分析，准确理解用户和项目的功能、性能、可靠性等具体要求，将用户非形式的需求表述转化为完整的需求定义，从而确定系统必须做什么的过程。它是软件计划阶段的重要活动，也是软件生存周期中的一个重要环节。该阶段主要考虑系统在功能上需要"实现什么"，而不是如何去"实现"。

（2）需求分析的基本任务

需求分析的工作大致可以分为 4 个方面：问题识别、分析与综合、制定规格说明书、评审。

1）问题识别：双方确定问题的综合需求，这些需求包括功能需求（做什么）、性能需求（要达到什么指标）、环境需求（如机型、操作系统等）、可靠性需求（不发生故障的概率）、安全保密需求、用户界面需求、资源使用需求（软件运行时所需的内存、CPU 等）、软件成本消耗与开发进度需求、预先估计以后系统可能达到的目标等。

2）分析与综合：逐步细化所有的软件功能，找出系统各元素间的联系、接口特性和设计上的限制，分析是否满足需求，剔除不合理的部分，增加需要部分。最后综合成系统的解决方案，给出要开发系统的详细逻辑模型（做什么的模型）。

3）制定规格说明书：即编制文档，描述需求的文档称为软件需求规格说明书。注意，需求分析阶段的成果是需求规格说明书，以便向下一阶段提交。

4）评审：对功能的正确性、完整性、清晰性以及其他需求给予评价。评审通过才可进行下一阶段的工作，否则重新进行需求分析。

（3）需求分析常用的调查方法

1）跟班作业：通过亲身参加业务工作了解业务活动的情况。

2）面谈：系统分析员与用户方的专家和业务人员进行交流，获得需求。

3）实地考察：实地观察用户的操作过程。对比现有的系统，思考如何采取更高效的方式。

4）问卷调查：若需访谈的个体太多，且需要回答容易确定的细节问题，则可采取问卷调查的方式。

5）查阅资料：收集和查阅相关的文献资料，如组织机构图、规章制度，及相关文档、图表及报告等。

【任务实施】

1. 用户角色需求分析

学生成绩管理系统的主要用户是系统管理员（教务处工作人员）、科任教师和学生。

1）系统管理员：学生成绩管理系统管理和维护的主要负责人，主要操作有学生信息的添加、修改、删除和查询，课程信息的添加、修改、删除和查询，用户的添加、修改、删除和查询等。同时承担系统数据库备份等维护工作。

2）科任教师：对自己所授课程的所授班级学生成绩进行录入、修改和查询操作。

3）学生：查询自己在校期间的所有课程及成绩。

2. 实体数据及相互关系

通过前期调查与用户角色需求分析，得到了大量的实体及相互关系。各实体间并不是独立存在的，而是相互联系、相互制约的，以此来保证系统中存储数据的正确性、准确性和唯一性。

1）学生信息：主要包括学号、姓名、性别、出生日期、入学日期、联系电话、所在班级、家庭地址等数据。其中，学号唯一且不为空，姓名和所在班级不能为空，所在班级数据来源于班级信息中的班级编号，性别为男或女。

2）教师信息：主要包括教师编号、教师姓名、性别、职称等数据。所有数据都不为空，教师编号唯一，性别为男或女。

3）系部信息：主要包括系部编号、系部名称、系主任等数据。所有数据都不为空，系部编号唯一。

4）专业信息：主要包括专业编号、专业名称等数据。所有数据都不为空，专业编号唯一。

5）班级信息：主要包括班级编号、班级名称、班主任等数据。所有数据都不为空，班级编号唯一。

6）课程信息：主要包括课程编号、课程名称、学分等数据。所有数据都不为空，课程编号唯一。

7）成绩信息：主要包括学号、课程编号、成绩等数据。所有数据都不为空。

任务 2　学生成绩管理系统数据库的概念结构设计

【任务描述】

概念结构设计阶段的目标是通过对用户需求进行综合、归纳与抽象，形成一个具体的数据库管理系统（DBMS）的概念模型。它的设计过程是首先进行局部视图（局部 E - R 图）设计，然后进行视图集成，得到概念模型（全部 E - R 图）。

本任务根据对学生管理系统需求分析阶段得到的数据进行分析，确定出实体以及实体的属性，并确定实体之间的联系类型，最后绘制出学生管理系统的 E - R 图。

【知识准备】

数据模型是对现实世界数据特征的抽象，用来描述数据的结构及定义。数据模型描述了数据的结构、数据的操作以及数据的约束条件，这是数据模型的 3 个要素。

1. 数据模型中的基本术语

（1）实体

客观存在且可以相互区别的事物称为实体。实体可以是具体的事物，如一本书、一张桌子，也可以是抽象的事件，如一项比赛、一次活动等。

（2）属性

属性是用来描述实体特性的。一个实体可以用若干个属性来描述，例如，学生实体有学号、姓名、性别等属性。属性有型和值之分。型指属性的名字，如姓名是属性的型；值是属性的具体内容，如"李明"就是姓名属性的值。

（3）实体型和实体集

具有相同属性的实体必然具有共同的特点，若干个属性的型所组成的集合可以表示一个实体类型，称为实体型。例如，系部（系部编号，系部名称，系主任）就是一个实体型。

相同类型实体的集合称为实体集，如全体学生、所有课程等。

（4）域

属性的取值范围称为该属性的域。例如，学生实体的性别属性的域为"男"和"女"。

（5）键或码

唯一标识实体的属性或属性的组合称为键或码。例如，学生实体的码是学号，而姓名不能作为学生实体的码，因为有可能重名。

（6）联系

在现实世界中，事物内部以及事物之间是有联系的，事物内部的联系通常指属性之间的联系。事物之间的联系通常指不同实体集之间的联系。两个实体集之间的联系通常有以下 3 种类型。

一对一联系：对于实体集 A 中的每一个实体，实体集 B 中最多存在一个实体与之相对应；反之，实体集 B 中的每一个实体，实体集 A 中最多存在一个实体与之相对应，则称实体集 A 与实体集 B 之间是一对一联系，记作 $1:1$，如图 1-1 所示。

一对多联系：对于实体集 A 中的每一个实体，实体集 B 中存在多个实体与之相对应；反之，对于实体集 B 中的每一个实体，实体集 A 中最多存在一个实体与之相对应，则称实体集 A 与实体集 B 之间是一对多联系，记作 $1:N$，如图 1-2 所示。

多对多联系：对于实体集 A 中的每一个实体，实体集 B 中存在多个实体与之相对应；反之，对于实体集 B 中的每一个实体，实体集 A 中也存在多个实体与之相对应，则称实体集 A 与实体集 B 之间是多对多联系，记作 $M:N$，如图 1-3 所示。

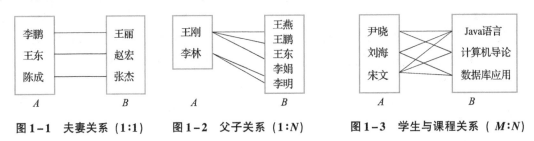

图 1-1　夫妻关系（$1:1$）　　图 1-2　父子关系（$1:N$）　　图 1-3　学生与课程关系（$M:N$）

2. 数据模型的分类

数据模型分为 3 种，即层次模型、网状模型、关系模型。

（1）层次模型

层次模型用树形结构来描述数据之间的关系。它的数据结构是一棵倒着的"有向树"。根结点在上方，每个根结点向下分支，逐层排列。当结点不再向下分支时，该结点称为叶子结点。层次模型的特点是有且仅有一个根结点，每个结点有且仅有一个双亲结点。层次模型的优点是存取速度快、结构清晰、易于理解；缺点是缺少灵活性，而且数据冗余比较大。

（2）网状模型

网状模型用网状结构来描述数据之间的关系。因为形成的是一个网，所以每个结点都有多个双亲结点，也可能出现多个结点没有双亲，因此它的缺点是结构比较复杂，存取和定位比较困难，优点是数据冗余比较小。

（3）关系模型

关系模型是目前使用最广泛的数据模型。它用二维表来描述数据之间的关系。关系模型的优点是结构灵活，数据独立性高；缺点是数据量大时查找比较费时。

【任务实施】

1. 确定学生管理系统的实体

通过需求分析得出学生管理系统涉及的实体，主要有系部、班级、学生、课程、教师、用户。

2. 确定学生管理系统的实体属性

1）系部实体属性：有系部编号、系部名称和系主任。

2）班级实体属性：有班级编号、班级名称、班主任。

3）学生实体属性：有学号、姓名、性别、出生日期、入学日期、联系电话、班级编号和家庭住址。

4）课程实体属性：有课程编号、课程名称、学分、课程类型。

5）教师实体属性：有教师编号、教师姓名、性别、入职日期、职称和基本工资。

6）用户实体属性：有用户名、密码和用户类型。

3. 确定实体之间的联系

根据实际需求得出各实体之间的联系如下：

1）一个班级属于一个系，一个系有多个班级（系部与班级之间是一对多联系）。

2）一个系部有多个教师，一个教师属于一个系部（系部与教师之间是一对多联系）。

3）一个班级有多个学生，一个学生属于一个班级（班级与学生之间是一对多联系）。

4）每个学生可以选修多门课程，每门课程可以有多个学生选修（学生与课程之间是多对多联系）。

5）每个教师可以讲授多门课程，一门课程可以有多个教师讲授（教师与课程之间是多对多联系）。

4. 使用 Microsoft Visio 绘制局部 E–R 图。

1）绘制系部与班级的 E–R 图，如图 1–4 所示。

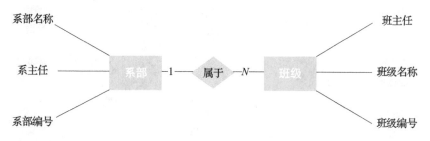

图 1–4　系部与班级的 E–R 图

2）绘制系部与教师的 E - R 图，如图 1 - 5 所示。

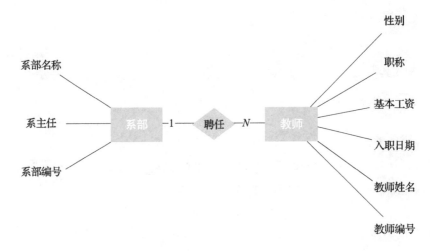

图 1 - 5　系部与教师的 E - R 图

3）绘制班级与学生的 E - R 图，如图 1 - 6 所示。

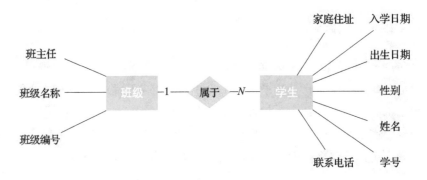

图 1 - 6　班级与学生的 E - R 图

4）绘制课程与学生的 E - R 图，如图 1 - 7 所示。

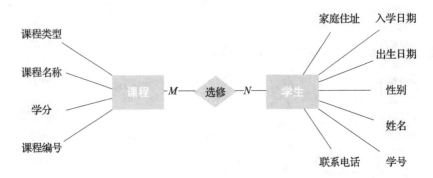

图 1 - 7　课程与学生的 E - R 图

5）绘制课程与教师的 E - R 图，如图 1 - 8 所示。

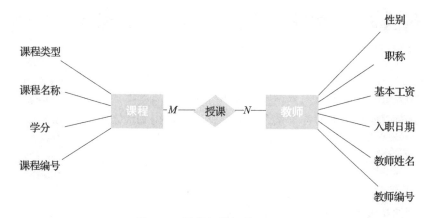

图 1 - 8　课程与教师的 E - R 图

6）学生成绩管理系统全局 E - R 图如图 1 - 9 所示。

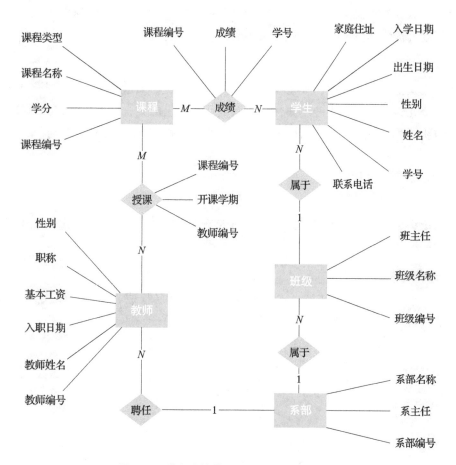

图 1 - 9　学生成绩管理系统的全局 E - R 图

任务3　学生成绩管理系统数据库的逻辑结构设计

【任务描述】

本任务将学生成绩管理系统数据库概念设计阶段生成的 E - R 模型按规则转换为逻辑模型，再对导出的逻辑模型中的各关系进行规范化，从而得到最终的关系模式。

【知识准备】

1. 逻辑结构设计概述

(1) 逻辑结构设计的任务

逻辑结构设计的主要任务是将 E - R 模型转换为关系模型。这是因为在概念结构设计阶段得到的 E - R 模型是独立于任何一种数据模型的，独立于任何一个具体的数据管理系统。为了建立用户需要的数据库，必须将概念模型转换为具体数据库管理系统所支持的数据模型，并对其进行优化。

(2) 关系模式

关系模式是指关系的描述，关系模式是型，关系是值。关系实质上是一张二维表，表的每一行为一个元组，每一列为一个属性，关系是所有元组的集合。关系模式必须指出这个元组集合的结构，即它由哪些属性构成，这些属性来自哪些域，以及属性与域之间的映象关系。

2. 逻辑结构设计的步骤

一般的逻辑结构设计分为以下 3 步：初始关系模式设计、关系模式规范化、模式的评价与改进

(1) 初始关系模式设计

1) 实体集向关系模式的转换。转换规则：一个实体转换成一个关系模式。实体的属性就是关系的属性，实体的码就是关系的键。

例：学生 E - R 图（如图 1 - 10 所示）转换为关系模式。

图 1 - 10　学生 E - R 图

关系模式： 学生（<u>学号</u>，姓名，性别，出生日期，入学日期）

2）两个实体之间的联系集向关系模式的转换。

① 1:1 联系的转换。

转换规则：一个 1:1 联系可以单独转换为一个关系模式。与该联系相连的各实体的主码以及联系本身的属性均转换为关系的属性，每个实体的主码均是该关系的候选码。如果与某一端对应的关系模式合并，则需要在该关系模式的属性中加入另一个关系模式的主码和联系本身的属性。

例： 班主任与班级 E–R 图（如图 1–11 所示）转换为关系模式。

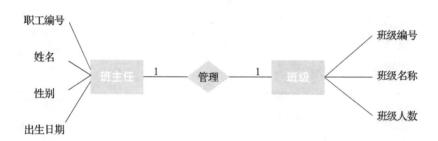

图 1–11　班主任与班级 E–R 图

方案一： 联系形成的关系独立存在。

　　　　班主任（<u>职工编号</u>，姓名，性别，出生日期）

　　　　班级（<u>班级编号</u>，班级名称，班级人数）

　　　　管理（<u>职工编号</u>，<u>班级编号</u>）

方案二： 联系与班主任实体合并。

　　　　班主任（<u>职工编号</u>，姓名，性别，出生日期，<u>班级编号</u>）

　　　　班级（<u>班级编号</u>，班级名称，班级人数）

方案三： 联系与班级实体合并。

　　　　班主任（<u>职工编号</u>，姓名，性别，出生日期）

　　　　班级（<u>班级编号</u>，班级名称，班级人数，<u>职工编号</u>）

② 1:N 联系的转换

转换规则：一个 1:N 联系可以单独转换为一个关系模式，也可以与 N 端对应的关系模式合并。若转换为一个独立的关系模式，则与该联系相连的各实体的主码以及联系本身的属性均转换为关系的属性，而关系的主码为 N 端实体的主码。若与 N 端关系模式合并，则在 N 端实体集中增加新属性，新属性由联系对应的 1 端实体集的主码和联系自身的属性构成，而关系模式的主码不变。

例： 学生与寝室 E–R 图（如图 1–12 所示）转换为关系模式。

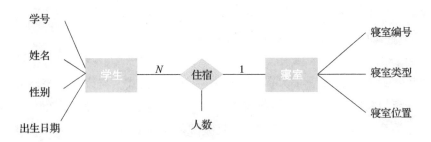

图 1 - 12　学生与寝室 E - R 图

方案一：1：N 联系形成的关系独立存在。

学生（<u>学号</u>，姓名，性别，出生日期）

寝室（<u>寝室编号</u>，寝室类型，寝室位置）

住宿（<u>学号</u>，<u>寝室编号</u>，人数）

方案二：联系形成的关系与 N 端对象合并。

寝室（<u>寝室编号</u>，寝室类型，寝室位置）

学生（<u>学号</u>，姓名，性别，出生日期，<u>寝室编号</u>，人数）

③ M：N 联系的转换

转换规则：与该联系相连的各实体的码以及联系本身的属性均转换为关系的属性。而关系的码为各实体码的组合。

例：学生与课程 E - R 图（如图 1 - 13 所示）转换为关系模式。

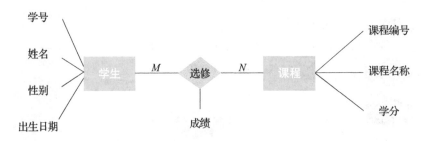

图 1 - 13　学生与课程 E - R 图

转换后的关系模式：

学生（<u>学号</u>，姓名，性别，出生日期）

课程（<u>课程编号</u>，课程名称，学分）

成绩（<u>学号</u>，<u>课程编号</u>，成绩）

(2) 关系模式规范化

一个好的关系模式判定标准是不会发生插入和删除异常，冗余度要尽可能少。为了提高数据库应用系统的性能，适当修改、调整数据模型的结构，对数据模型进行优化是非常有必要的。对于存在问题的关系模式，可以通过模式分解的方法使之规范化。

利用规范化理论，使关系模式的函数依赖集满足特定的要求，满足特定要求的关系模式称为范式（Normal Form）。关系按其规范化程度从低到高可分为 5 级范式，分别称为 1NF、2NF、3NF（BCNF）、4NF、5NF。规范化程度较高者必是较低者的子集。一个低一级范式的关系模式，通过模式分解可以转换成若干个高一级范式的关系模式的集合，这个过程称为关系模式规范化。本书只讨论 3 种范式。

1）第一范式（1NF）。如果关系模式 R 中不包含多值属性（每个属性必须是不可分的数据项），则 R 满足第一范式（First Normal Form），记作 $R \in 1NF$。1NF 是规范化的最低要求，是关系模式要遵循的最基本的范式，不满足 1NF 的关系是非规范化的关系。关系模式如果仅仅满足 1NF 是不够的，只有对关系模式继续规范化，使之满足更高的范式，才能得到高性能的关系模式。

2）第二范式（2NF）。如果关系模式 R(U, F) $\in$ 1NF，且 R 中的每个非主属性完全函数依赖于 R 的某个候选码，则 R 满足第二范式（Second Normal Form），记作 $R \in 2NF$。不满足 2NF 的关系模式，会产生以下几个问题：插入异常、删除异常、更新异常。解决的方法是用投影分解把关系模式分解为多个关系模式。投影分解是把非主属性及决定因素分解出来构成新的关系，决定因素在原关系中保持，函数依赖关系相应分开转换（将关系模式中部分依赖的属性去掉，将部分依赖的属性单独组成一个新的模式）。

3）第三范式（3NF）。如果关系模式 R(U, F) $\in$ 2NF，且每个非主属性都不传递函数依赖于 R 的候选码，则 R 满足第三范式（Third Normal Form），记作 $R \in 3NF$。解决的方法同样是投影分解。3NF 是一个可用的关系模式应满足的最低范式，也就是说，一个关系模式如果不满足 3NF，则实际上它是不能使用的。

（3）模式的评价与改进

关系模式的规范化不是目的，而是手段。数据库设计的目的是最终满足应用需求。因此，为了进一步提高数据库应用系统的性能，还应该对规范化后产生的关系模式进行评价、改进，经过反复多次的尝试和比较，最后得到优化的关系模式。

【任务实施】

根据数据库逻辑结构设计原理，任务 2 中学生成绩管理系统的全局 E - R 图转换成关系模式的步骤如下。

1. 基本 E - R 模型向关系模式的转换

学生（学号，姓名，性别，出生日期，入学日期，联系电话，家庭地址）

班级（班级编号，班级名称，班主任）

系部（系部编号，系部名称，系主任）

教师（教师编号，教师姓名，性别，入职日期，职称，基本工资）

授课（课程编号，教师编号，开课学期）

课程（课程编号，课程名称，学分，课程类型）

选修（课程编号，学号，成绩）

2. 关系模式规范化

学生（学号，姓名，性别，出生日期，入学日期，家庭地址，联系电话，班级编号）

班级（班级编号，班级名称，班主任，系部编号）

系部（系部编号，系部名称，系主任）

教师（教师编号，教师姓名，性别，入职日期，职称，基本工资，系部编号）

授课（课程编号，教师编号，开课学期）

课程（课程编号，课程名称，学分，课程类型）

成绩（课程编号，学号，成绩）

任务 4   学生成绩管理系统数据库的物理结构设计

【任务描述】

基于学生成绩管理数据库的关系模式，设计如下表：

系部表（系部编号，系部名称，系主任）

班级表（班级编号，班级名称，班主任，系部编号）

教师表（教师编号，教师姓名，性别，入职日期，职称，基本工资，系部编号）

学生表（学号，姓名，性别，出生日期，入学日期，家庭地址，联系电话，班级编号）

课程表（课程编号，课程名称，学分，课程类型）

授课表（课程编号，教师编号，开课学期）

成绩表（课程编号，学号，成绩）

以学生表为例分析，记录一个学生的信息（见表 1-1）。

表 1-1   学生表的信息

学号	姓名	性别	出生日期	入学日期	家庭地址	联系电话	班级编号
长度固定为12，值不能重复，不能为空	长度最长为8，不能为空	只能是男或者女	格式为 YYYY-MM-DD	格式为 YYYY-MM-DD	长度不超过100	长度不超过13	长度固定为10，专业+班级
202220221000	张三	男	2004-3-12	2022-9-15		13209876756	5102052201

学生表的每个字段都有固定的格式要求，因此在设计的时候需要考虑字段的数据类型、长度、是否为空、值的重复性、值的范围等。

本任务就是在关系模式设计的基础上，分析每个关系模式中字段的数据类型、完整性约束等，以完成物理结构设计。

【知识准备】

物理结构设计是为逻辑数据模型选取一个最适合应用环境的物理结构。物理结构设计主要从选择合适的数据库管理系统，定义数据库、表及字段的命名规范，根据所选的 DBMS 选择合适的字段类型 3 个方面考虑。

1. 数据库、表及字段命名的通用规则

数据库、表和字段命名没有统一的规则，但建议不采用中文命名，可遵循如下通用规则（以下规则不是必须要遵守的）：

1）由 26 个英文字母（区分大小写）、0~9 的自然数、下画线"_"组成。命名简洁明确，多个单词用下画线"_"分隔。

2）全部使用小写命名，禁止出现大写。

3）禁止使用数据库关键字，如 name、time、datetime、password 等。

4）名称一般采用名词或动宾短语。

5）名称必须易于理解，一般不超过 3 个英文单词。

2. 数据类型

数据表由多个字段组成，每个字段在进行数据定义时都要确定不同的数据类型。向字段插入的数据内容决定了该字段的数据类型。MySQL 提供了丰富的数据类型，根据实际需求，用户可以选择不同的数据类型。不同的数据类型，其存储方式是不同的。另外，MySQL 还提供了存储引擎，用户可以通过存储引擎决定数据表的类型。

MySQL 支持多种数据类型，大致可以分为 3 类：数值类型（整数类型、浮点数类型和定点数类型）、日期/时间类型、字符串（字符）类型。

（1）数值类型

MySQL 支持所有标准 SQL 数值类型。

该类型包括整数类型（INTEGER、SMALLINT、DECIMAL 和 NUMERIC）、浮点数类型（FLOAT、REAL）和定点数类型（DOUBLE PRECISION）。

关键字 INT 是 INTEGER 的同义词，关键字 DEC 是 DECIMAL 的同义词。

作为 SQL 标准的扩展，MySQL 也支持整数类型 TINYINT、MEDIUMINT 和 BIGINT。表 1-2 所示为数值类型的大小、范围和用途。

表 1-2 数值类型的大小、范围和用途

类型	大小	范围（有符号）	范围（无符号）	用途
TINYINT	1 字节	（-128，127）	（0，255）	小整数值
SMALLINT	2 字节	（-32768，32767）	（0，65535）	大整数值
MEDIUMINT	3 字节	（-8388608，8388607）	（0，16777215）	大整数值
INT 或 INTEGER	4 字节	（-2147483648，2147483647）	（0，4294967295）	大整数值
BIGINT	8 字节	（-9233372036854775808，9233372036854775807）	（0，18446744073709551615）	极大整数值
FLOAT	4 字节	（-3.402823466E+38，-1.175494351E-38），0，（1.175494351E-38，3.402823466E+38）	0，（1.175494351E-38，3.402823466E+38）	单精度浮点数值
DOUBLE PRECISION	8 字节	（-1.7976931348623157E+308，-2.2250738585072014E-308），0，（2.2250738585072014E-308，1.7976931348623157E+308）	0，（2.2250738585072014E-308，1.7976931348623157E+308）	双精度浮点数值
DEC 或 DECIMAL	对于 DECIMAL (M，D)，如果 M>D，则为 M+2，否则为 D+2	依赖于 M 和 D 的值	依赖于 M 和 D 的值	小数数值

（2）日期/时间类型

表示时间值的日期/时间类型包括 DATE、TIME、YEAR、DATETIME 和 TIMESTAMP。

每个时间类型都有一个有效值范围和一个"零"值，当指定 MySQL 不能表示的不合法的值时使用"零"值。

TIMESTAMP 类型具有专有的自动更新特性。

表 1-3 所示为日期/时间类型的大小、范围、格式和用途。

表 1-3 日期/时间类型的大小、范围、格式和用途

类型	大小	范围	格式	用途
DATE	3 字节	1000-01-01/9999-12-31	YYYY-MM-DD	日期值
TIME	3 字节	'-838：59：59'/'838：59：59'	HH：MM：SS	时间值或持续时间
YEAR	1 字节	1901/2155	YYYY	年份值
DATETIME	8 字节	1000-01-01 00:00:00/9999-12-31 23:59:59	YYYY-MM-DD HH: MM: SS	混合日期和时间值
TIMESTAMP	4 字节	1970-01-01 00:00:00/2038 结束时间是开始时间后的第 2147483647 秒，结束时间为北京时间 2038-1-19 11:14:07、格林尼治时间 2038-1-19 03:14:07	YYYY-MM-DD HH: MM: SS	混合日期和时间值，时间戳

（3）字符串类型

字符串类型包括 CHAR、VARCHAR、BINARY、VARBINARY、BLOB、TEXT、ENUM 和 SET 等。二进制字符串类型包括 BIT、BINARY、VARBINARY、TINYBLOB、BLOB、MEDIUMBLOB 和 LONGBLOB。

表 1-4 所示为部分字符串类型的大小和用途。

表 1-4　字符串类型的大小和用途

类型	大小	用途
CHAR	0～255 字节	定长字符串
VARCHAR	0～65535 字节	变长字符串
TINYBLOB	0～255 字节	不超过 255 个字节的二进制字符串
TINYTEXT	0～255 字节	短文本字符串
BLOB	0～65535 字节	二进制形式的长文本数据
TEXT	0～65535 字节	长文本数据
MEDIUMBLOB	0～16777215 字节	二进制形式的中等长度文本数据
MEDIUMTEXT	0～16777215 字节	中等长度文本数据
LONGBLOB	0～4294967295 字节	二进制形式的极大文本数据
LONGTEXT	0～4294967295 字节	极大文本数据

 提示：CHAR 和 VARCHAR 类型类似，但它们保存和检索的方式不同。它们的最大长度及尾部空格是否被保留等也不同。在存储或检索过程中不进行大小写转换。

BINARY 和 VARBINARY 类似于 CHAR 和 VARCHAR，不同的是它们包含二进制字符串，而不包含非二进制字符串。也就是说，它们包含字节字符串，而不是字符字符串。这说明它们没有字符集，并且排序和比较基于列值字节的数值。

二进制形式文本数据可以容纳可变数量的数据，有 4 种类型：TINYBLOB、BLOB、MEDIUMBLOB 和 LONGBLOB。它们的区别是可容纳值的最大长度不同。

文本数据有 4 种类型：TINYTEXT、TEXT、MEDIUMTEXT 和 LONGTEXT。这些类型，有不同的最大长度和存储需求。

3. 数据完整性约束

在 MySQL 中，约束是指对表中数据的一种约束，能够帮助数据库管理员更好地管理数据库，并且能够确保数据库中数据的正确性和有效性。例如，在数据表中存放年龄值时，如果存入 200、300，那么这些无效的值就毫无意义了。因此，使用约束来限定表中的数据范围是很有必要的。

在 MySQL 中，主要支持以下 6 种约束。

（1）主键约束

主键约束是使用最频繁的约束。一般情况下，在设计数据表时，都会要求表中设置一个主键。

主键是表的一个特殊字段，该字段能唯一标识该表中的每条信息。例如，学生信息表中的学号是唯一的。

（2）外键约束

外键约束经常和主键约束一起使用，用来确保数据的一致性。例如，选课表中只有军事、艺术、篮球3门课程，那么选择课程时只能选择军事、艺术、篮球，不能选择其他课程。

（3）唯一约束

唯一约束与主键约束有一个相似的地方，就是它们都能够确保列的唯一性。与主键约束不同的是，唯一约束在一个表中可以有多个，并且设置唯一约束的列是允许有空值的，虽然只能有一个空值。例如，在课程信息表中，要避免表中的课程名称重复，就可以把课程名称列设置为唯一约束。

（4）检查约束

检查约束是用来检查数据表中的字段值是否有效的一个手段。例如，学生信息表中的年龄字段是没有负数的，并且数值也是有限制的。如果是大学生，那么年龄一般在 18 ~ 30 岁之间。在设置字段的检查约束时要根据实际情况进行，这样能够减少无效数据的输入。

（5）非空约束

非空约束用来约束表中的字段不能为空。例如，在学生信息表中，如果不添加学生姓名，那么这条记录是没有用的。

（6）默认值约束

当数据表中的某个字段不输入值时，默认值约束会自动为其添加一个已经设置好的值。例如，在注册学生信息时，如果不输入学生的性别，那么会默认设置一个性别或者输入"未知"。

默认值约束通常用在已经设置了非空约束的列，这样能够防止数据表在输入数据时出现错误。

以上 6 种约束中，一个数据表中只能有一个主键约束，其他约束可以有多个。

【任务实施】

1. 命名数据库、表和字段

数据库、表和字段命名全部使用小写字母，尽量采用中文对应含义的英文单词。下面分别给数据库、表和字段命名。

（1）数据库命名

例如，数据库命名为 student_score

（2）表命名

设计 7 张表，表的命名如表 1-5 所示。

表 1-5　数据库表的命名

表名	命名
系部	department
班级	class
教师	teacher
学生	student
课程	lesson
授课	teaching
成绩	score

（3）字段命名

不同表中意思相同的字段，可加表名区分。比如学生表 student 中的姓名和课程表 lesson 中的课程名，都可以命名为 name，但为了区别字段名，可在前面加上表名的第一个字母。

1）系部表（department）字段命名。表 1-6 所示为系部表字段。

表 1-6　系部表（department）字段

字段名称	系部编号	系部名称	系主任
字段命名	dno	dname	ddirector

2）班级表（class）字段命名。表 1-7 所示为班级表字段。

表 1-7　班级表（class）字段

字段名称	班级编号	班级名称	班主任	系部编号
字段命名	cno	cname	cdirector	dno

3）教师表（teacher）字段命名。表 1-8 所示为教师表字段。

表 1-8　教师表（teacher）字段

字段名称	教师编号	教师姓名	性别	入职日期	职称	基本工资	系部编号
字段命名	tno	tname	sex	trdate	title	salary	dno

4）学生表（student）字段命名。表 1-9 所示为学生表字段。

表 1-9　学生表（student）字段

字段名称	学号	姓名	性别	出生日期	入学日期	家庭地址	联系电话	班级编号
字段命名	sno	sname	gender	birth	srdate	address	phone	cno

5）课程表（lesson）字段命名。表 1-10 所示为课程表字段。

表 1-10　课程表（lesson）字段

字段名称	课程编号	课程名称	学分	课程类型
字段命名	lno	lname	credit	type

6）授课表（teaching）字段命名。表 1-11 所示为授课表字段。

表 1-11　授课表（teaching）字段

字段名称	课程编号	教师编号	开课学期
字段命名	lno	tno	semester

7）成绩表（score）字段命名。表 1-12 所示为成绩表字段。

表 1-12　成绩表（score）字段

字段名称	学号	课程编号	成绩
字段命名	sno	lno	score

2. 设置字段（列）数据类型

MySQL 提供了大量的数据类型。为了优化存储和提高数据库性能，在任何情况下都应该使用最精确的数据类型。可以说，字符串类型是通用的数据类型，任何内容都可以保存在字符串中，数字和日期也可以表示成字符串形式。

但是不能把所有的列都定义为字符串类型。对于数值类型，如果把它们设置为字符串类型，则会使用很多的空间。并且在这种情况下，使用数值类型列来存储数字，比使用字符串类型更有效率。

需要注意的是，由于对数字和字符串的处理方式不同，查询结果也会存在差异。所以，在选择数据类型时要考虑存储、查询和整体性能等方面的问题。

在选择数据类型时，首先要考虑这个列存放的值是什么类型的。一般来说，用数值类型列存储数字，用字符类型列存储字符串，用时态类型列存储日期和时间。

根据实际需求，每个表字段数据类型的设计如表 1-13 ~ 表 1-19 所示。

表 1-13　系部表（department）数据类型设计

字段名称	字段命名	数据类型	类型说明	数据要求
系部编号	dno	varchar（2）	变长字符型	最长 2 个字符
系部名称	dname	varchar（20）	变长字符型	最长 20 个字符
系主任	ddirector	varchar（8）	变长字符型	最长 8 个字符

表 1-14   班级表（class）数据类型设计

字段名称	字段命名	数据类型	类型说明	数据要求
班级编号	cno	char（10）	定长字符型	10 个字符
班级名称	cname	varchar（20）	变长字符型	最长 20 个字符
班主任	cdirector	varchar（8）	变长字符型	最长 8 个字符
系部编号	dno	varchar（2）	变长字符型	最长 2 个字符

表 1-15   教师表（teacher）数据类型设计

字段名称	字段命名	数据类型	类型说明	数据要求
教师编号	tno	varchar（4）	变长字符型	最长 4 个字符
教师姓名	tname	varchar（8）	变长字符型	最长 8 个字符
性别	sex	char（2）	定长字符型	中文字符，男或者女
入职日期	trdate	date	日期类型	年月日，YYYY-MM-DD
职称	title	varchar（8）	变长字符型	最长 8 个字符
基本工资	salary	decimal（4，2）	小数数值类型	保留 2 位小数
系部编号	dno	varchar（2）	变长字符型	最长 2 个字符

表 1-16   学生表（student）数据类型设计

字段名称	字段命名	数据类型	类型说明	数据要求
学号	sno	char（12）	定长字符型	12 个长度的数字字符
姓名	sname	varchar（8）	变长字符型	最长 8 个字符
性别	gender	char（2）	定长字符型	中文字符，男或者女
出生日期	birth	date	日期类型	年月日，YYYY-MM-DD
入学日期	srdate	date	日期类型	年月日，YYYY-MM-DD
家庭地址	address	varchar（100）	变长字符型	最长 100 个字符
联系电话	phone	varchar（20）	变长字符型	最长 20 个字符
班级编号	cno	char（10）	定长字符型	10 个字符

表 1-17   课程表（lesson）数据类型设计

字段名称	字段命名	数据类型	类型说明	数据要求
课程编号	lno	varchar（10）	变长字符型	最长 10 个字符
课程名称	lname	varchar（20）	变长字符型	最长 20 个字符
学分	credit	tinyint	整型	数据最大不超过 10
课程类型	type	varchar（20）	变长字符型	最长 20 个字符

表 1-18 授课表（teaching）数据类型设计

字段名称	字段命名	数据类型	类型说明	数据要求
课程编号	lno	varchar（10）	变长字符型	最长 10 个字符
教师编号	tno	varchar（4）	变长字符型	最长 4 个字符
开课学期	semester	varchar（20）	变长字符型	最长 20 个字符

表 1-19 成绩表（score）数据类型设计

字段名称	字段命名	数据类型	类型说明	数据要求
学号	sno	char（12）	定长字符型	12 个长度的数字字符
课程编号	lno	varchar（10）	变长字符型	最长 10 个字符
成绩	score	decimal（4,2）	小数数值类型	保留 2 位小数

3. 设置数据完整性约束

1）系部表（department）约束设计，如表 1-20 所示。

表 1-20 系部表（department）约束设计

字段名称	数据类型	完整性约束 实体	完整性约束 参照	完整性约束 用户定义	数据要求
dno	varchar（2）	主键		非空	最长 2 个字符，值不能重复，不能为空
dname	varchar（20）			非空，唯一值	最长 20 个字符，值不能为空，不能重复
ddirector	varchar（8）			可空	最长 8 个字符，值可以为空

2）班级表（class）约束设计，如表 1-21 所示。

表 1-21 班级表（class）约束设计

字段名称	数据类型	完整性约束 实体	完整性约束 参照	完整性约束 用户定义	数据要求
cno	char（10）	主键		非空，唯一值	定长 10 个字符，值不能重复，不能为空
cname	varchar（20）			非空，唯一值	最长 20 个字符，值不能为空，不能重复
cdirector	varchar（8）			可空	最长 8 个字符，值可以为空
dno	varchar（2）		外键	非空	最长 2 个字符，值不能为空

3）教师表（teacher）约束设计，如表 1-22 所示。

表 1-22 教师表（teacher）约束设计

字段名称	数据类型	完整性约束			数据要求
		实体	参照	用户定义	
tno	varchar（4）	主键		非空，唯一值	最长 4 个字符，值不能重复，不能为空
tname	varchar（8）			非空	最长 8 个字符，值不能为空
sex	char（2）			非空，检查男或女	只能是男或者女，默认为男，值不能为空
trdate	date			非空	格式为 YYYY - MM - DD，值不能为空
title	varchar（8）			可空	最长 8 个字符，值可以为空
salary	decimal（4，2）			可空	保留 2 位小数，值可以为空
dno	varchar（2）		外键	可空	最长 2 个字符，值可以为空

4）学生表（student）约束设计，如表 1-23 所示。

表 1-23 学生表（student）约束设计

字段名称	数据类型	完整性约束			数据要求
		实体	参照	用户定义	
sno	char（12）	主键		非空，唯一值	定长 12 个字符，值不能重复，不能为空
sname	varchar（8）			非空	最长 8 个字符，值不能为空
gender	char（2）			非空，检查男或女	只能是男或者女，默认为男，值不能为空
birth	date			非空	格式为 YYYY - MM - DD，值不能为空
srdate	date			非空	格式为 YYYY - MM - DD，值不能为空
address	varchar（100）			可空	最长 100 个字符，值可以为空
phone	varchar（20）			可空	最长 20 个字符，值可以为空
cno	char（10）		外键	可空	定长 10 个字符，值可以为空

5）课程表（lesson）约束设计，如表 1-24 所示。

表 1-24 课程表（lesson）约束设计

字段名称	数据类型	完整性约束			数据要求
		实体	参照	用户定义	
lno	varchar（10）	主键		非空，唯一值	最长 10 个字符，值不能重复，不能为空
lname	varchar（20）			非空，唯一值	最长 20 个字符，值不能为空，不能重复
credit	tinyint			非空	数据最大不超过 10 个字符，值不能为空
type	varchar（20）			非空	最长 20 个字符，值不能为空

6）授课表（teaching）约束设计，如表1-25所示。

表1-25　授课表（teaching）约束设计

字段名称	数据类型	完整性约束			数据要求
		实体	参照	用户定义	
lno	varchar（10）	主键	外键	非空	最长10个字符，值不能为空
tno	varchar（4）	主键	外键	非空	最长4个字符，值不能为空
semester	varchar（20）			非空	最长20个字符，值不能为空

7）成绩表（score）约束设计，如表1-26所示。

表1-26　成绩表（score）约束设计

字段名称	数据类型	完整性约束			数据要求
		实体	参照	用户定义	
sno	char（12）	主键	外键	非空	定长为12个字符，值不能为空
lno	varchar（10）	主键	外键	非空，唯一值	最长10个字符，值不能为空，不能重复
score	decimal（4，2）			非空	保留2位小数，值不能为空

4. 学生成绩管理数据库完整物理结构设计

1）系部表（department）物理结构设计，如表1-27所示。

表1-27　系部表（department）物理结构设计

字段名称	数据类型	完整性约束	字段说明
dno	varchar（2）	非空，主键	系部编号
dname	varchar（20）	非空，唯一键	系部名称
ddirector	varchar（8）	可空	系主任

2）班级表（class）物理结构设计，如表1-28所示。

表1-28　班级表（class）物理结构设计

字段名称	数据类型	完整性约束	字段说明
cno	char（10）	非空，唯一值，主键	班级编号
cname	varchar（20）	非空，唯一键	班级名称
cdirector	varchar（8）	可空	班主任
dno	varchar（2）	非空，外键	系部编号

3）教师表（teacher）物理结构设计，如表 1-29 所示。

表 1-29　教师表（teacher）物理结构设计

字段名称	数据类型	完整性约束	字段说明
tno	varchar（4）	非空，唯一值，主键	教师编号
tname	varchar（8）	非空	教师姓名
sex	char（2）	非空，检查约束只能为"男"或"女"，默认值为"男"	性别
trdate	date	非空	入职日期
title	varchar（8）	可空	职称
salary	decimal（4, 2）	可空	基本工资
dno	varchar（2）	可空，外键	系部编号

4）学生表（student）物理结构设计，如表 1-30 所示。

表 1-30　学生表（student）物理结构设计

字段名称	数据类型	完整性约束	字段说明
sno	char（12）	非空，唯一值，主键	学号
sname	varchar（8）	非空	姓名
gender	char（2）	非空，检查约束只能为"男"或"女"，默认值为"男"	性别
birth	date	非空	出生日期
srdate	date	非空	入学日期
address	varchar（100）	可空	家庭地址
phone	varchar（20）	可空	联系电话
cno	char（10）	可空，外键	班级编号

5）课程表（lesson）物理结构设计，如表 1-31 所示。

表 1-31　课程表（lesson）物理结构设计

字段名称	数据类型	完整性约束	字段说明
lno	varchar（10）	非空，唯一值，主键	课程编号
lname	varchar（20）	非空，唯一值	课程名称
credit	tinyint	非空	学分
type	varchar（20）	非空	课程类型

6）授课表（teaching）物理结构设计，如表 1-32 所示。

表 1-32 授课表（teaching）物理结构设计

字段名称	数据类型	完整性约束	字段说明
lno	varchar（10）	非空，主键，外键	课程编号
tno	varchar（4）	非空，主键，外键	教师编号
semester	varchar（20）	非空	开课学期

7）成绩表（score）物理结构设计，如表 1-33 所示。

表 1-33 成绩表（score）物理结构设计

字段名称	数据类型	完整性约束	字段说明
sno	char（12）	非空，主键，外键	学号
lno	varchar（10）	非空，唯一值，主键，外键	课程编号
score	decimal（4，2）	非空	成绩

课后练习

某企业需要登记员工的基本信息以及所属部门信息，记录员工薪资信息。业务逻辑如下：

部门信息包括部门编号、名称、负责人。

员工信息包括员工编号、姓名、性别、出生日期、是否在职、所属部门。

员工薪资信息包括员工编号、月份、基本工资、绩效工资、社会保险、个人所得税、实发工资。

请完成企业员工薪资管理系统数据库设计：

1）设计系统 E-R 模型。

2）将 E-R 模型转换为关系模式。

3）根据关系模式完成物理结构设计。

项目 2 ▶ 学生成绩管理系统数据库的创建、管理与维护

任务 1 认识 MySQL 数据库管理系统

【任务描述】

本任务在了解 MySQL 软件基础知识的前提下，指导学生独立下载、安装与配置 MySQL 数据库，为后面的学习与操作打下基础。

【知识准备】

1. 常见的数据库管理系统

常见的数据库管理系统有 MySQL、SQL Server、Oracle、Sybase、DB2。

（1）MySQL

MySQL 由 MySQL AB 开发、发布和支持。MySQL AB 是一家使用成功的商业模式来结合开源价值和方法论的第二代开源公司。MySQL 是 MySQL AB 的注册商标。

MySQL 是一个快速的、多线程、多用户和健壮的 SQL 数据库服务器。MySQL 服务器支持关键任务、重负载生产系统的使用。用户可以将它嵌入一个大配置（mass-deployed）的软件中。

（2）SQL Server

SQL Server 是由微软开发的关系型数据库管理系统，具有使用方便、可伸缩性好、与相关软件集成程度高等优点，是一个全面的数据库平台，使用集成的商业智能（BI）工具提供了企业的数据管理。Microsoft SQL Server 数据库引擎为关系型数据和结构化数据提供了安全可靠的存储功能，可以构建和管理用于业务的高可用及高性能的数据应用程序。

SQL Server 提供了众多的 Web 和电子商务功能，如对 XML 和 Internet 标准的丰富支持，通过 Web 对数据进行轻松安全的访问等。另外，由于其具有易操作性及友好的操作界面，因此，深受广大用户的喜爱。

（3）Oracle

Oracle 是甲骨文公司的一款关系数据库管理系统，在数据库领域一直处于领先地位。1984 年，Oracle 首先将关系数据库转到了桌面计算机上。然后，Oracle 5 率先推出了分布式数据库、客户/服务器结构等崭新的概念。Oracle 6 首创了行锁定模式，并支持对称多处理计算机，Oracle 8 主要增加了对象技术，成为关系—对象数据库系统。目前，Oracle 产品覆盖了大、中、小型机等几十种机型，Oracle 数据库成为世界上使用最广泛的关系数据系统之一。

（4）Sybase

1984 年，Mark B. Hiffman 和 Robert Epstern 创建了 Sybase 公司，并在 1987 年推出了 Sybase 数据库产品。Sybase 是一款典型的 UNIX 或 WindowsNT 平台上的客户机/服务器环境下的大型关系型数据库系统。Sybase 提供了一套应用程序编程接口和库，可以与非 Sybase 数据源及服务器集成，允许在多个数据库之间复制数据，适于创建多层应用。系统具有完备的触发器、存储过程、规则以及完整性定义，支持优化查询，具有较好的数据安全性。

（5）DB2

DB2 是内嵌于 IBM 的 AS/400 系统上的数据库管理系统，直接由硬件支持。它支持标准的 SQL 语言，具有与异种数据库相连的网关。它具有速度快、可靠性好等优点。需要注意的是，只有硬件平台选择了 IBM 的 AS/400，才能使用 DB2 数据库管理系统。

2. MySQL 简介

MySQL 是一款小型的开源的关系型数据库管理系统。与其他大型数据库管理系统（如 Oracle、DB2、SQL Server 等）相比，MySQL 的规模小，功能有限，但是它体积小、速度快、成本低，并且提供的功能对稍微复杂的应用已经够用，这些特性使得 MySQL 成为世界上非常受欢迎的开放源代码数据库。

MySQL 的优势：

1）MySQL 是开放源代码的数据库，任何人都可以获得该数据库的源代码。

2）MySQL 能够实现跨平台操作，可以在 Windows、UNIX、Linux 和 Mac OS 等操作系统上运行。

3）MySQL 数据库是一款自由软件，在大部分应用场景下都可免费使用。

3. MySQL 图形化管理工具

MySQL 图形化管理工具很多，如 Navicat Premium、MySQL Workbench、SQLyog 等。本书仅介绍 Navicat Premium，运行界面如图 2-1 所示。

图 2-1　Navicat Premium 运行界面

Navicat Premium 是一套数据库管理工具，能连接到 MySQL 数据库。它使用了图形用户界面（GUI），可以用一种安全的更为容易的方式创建、组织、存取和共享信息。用户可完全控制 MySQL 数据库和显示不同的管理资料，方便将数据从一个数据库转移到另一个数据库中进行备份。

【任务实施】

1. MySQL 的下载与安装

（1）MySQL 的版本

MySQL 官方提供了两种不同的版本。本书选用的是社区版（MySQL Community Server 8.0:31）。

1）社区版（MySQL Community Server）：免费，MySQL 不提供任何技术支持。

2）商业版（MySQL Enterprise Edition）：收费，可以试用 30 天，官方提供技术支持。

（2）MySQL 下载步骤

步骤 1：进入 MySQL 官网（https：//www. mysql. com/），在主页单击"Downloads"按钮，进入下载页面。

步骤 2：在下载页面中单击"MySQL Community（GPL）Downloads"选项（如图 2 - 2 所示），进入社区版下载页面。

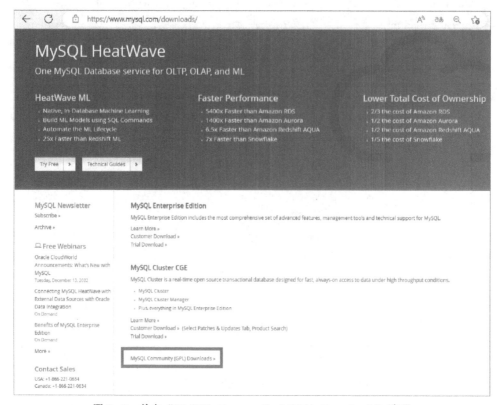

图 2 - 2　单击"**MySQL Community（GPL）Downloads**"选项

步骤 3：进入 MySQL 社区版下载页面后，根据计算机的操作系统选择合适版本。本书选择 MySQL Installer for Windows，如图 2 - 3 所示。

步骤 4：单击"General Availability（GA）Releases"选项卡的"Windows（x86，32-bit），MSI Installer"后的"Download"按钮，下载 MySQL 安装版本，如图 2 - 4 所示。如果需要下载其他版本，则单击"Archives"选项卡，在"Product Version"中选择所需版本下载即可。

步骤 5：新打开的页面会提示用户"登录"或者"注册"，可忽略，直接单击最下面的"No thanks，just start my download"，将安装程序保存到本地磁盘。

（3）MySQL 安装

步骤 1：双击安装包 mysql-installer-web-community-8. 0. 31. 0. msi，弹出选择安装类型页面，

有默认安装、仅安装服务器、仅安装客户端、完全安装、自定义安装 5 种安装类型，选择默认安装就可以，单击"Next"按钮。选择安装类型界面如图 2-5 所示。

步骤 2：进入"Check Requirements"界面，检测需要安装的环境，单击"Execute"按钮来安装环境，安装成功后再单击"Next"按钮，进入安装界面。安装环境检测界面如图 2-6 所示。

图 2-3 MySQL 社区版下载页面

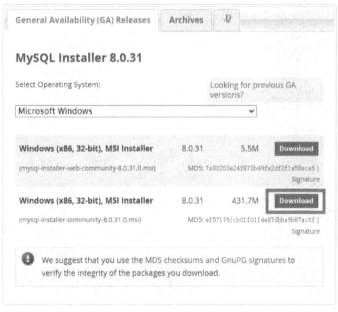

图 2-4 下载 MySQL 安装版本

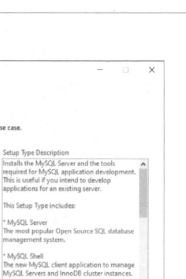

图 2-5　选择安装类型界面

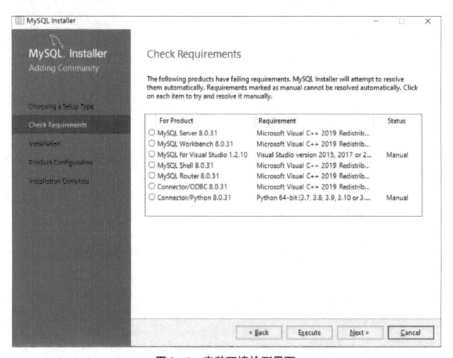

图 2-6　安装环境检测界面

　　步骤 3：在安装界面单击"Execute"按钮开始安装，安装完成后，状态栏会显示"Complete"，如图 2-7 所示。

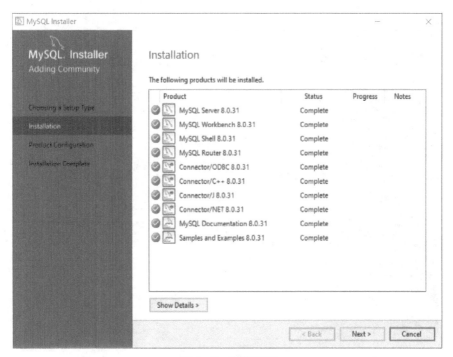

图 2-7　安装界面

步骤 4：单击"Next"按钮，弹出产品配置界面，如图 2-8 所示。

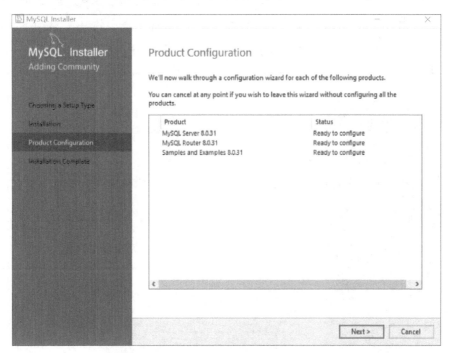

图 2-8　产品配置界面

步骤 5：单击"Next"按钮，进入类型和网络界面，如图 2-9 所示。

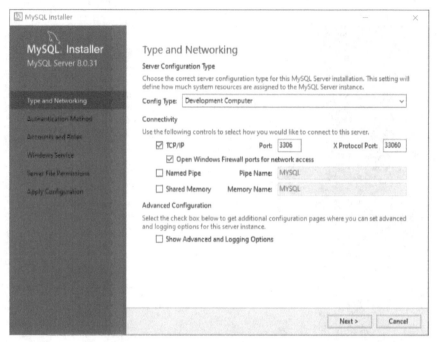

图 2-9　类型和网络界面

步骤 6：单击"Next"按钮，进入密码验证界面，如图 2-10 所示。MySQL 8 推荐使用最新的数据库和相关客户端。MySQL 8 更换了加密插件，所以如果选第一种方式，那么很可能 Navicat 客户端连不上 MySQL 8，所以这里要选第二种方式。因为后面会使用客户端 Navicat，它连接 MySQL 数据库用的就是这个加密算法，所以这一步很重要。

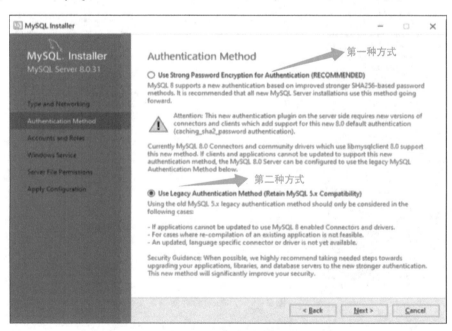

图 2-10　密码验证界面

步骤 7：单击"Next"按钮，进入设置密码界面，如图 2 – 11 所示。应牢记登录用户名（这里是 root）和密码，因为后面要使用它们连接数据库。

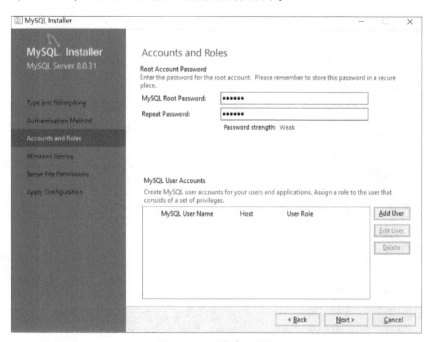

图 2 – 11　设置密码界面

步骤 8：单击"Next"按钮，进入 Windows 服务界面（如图 2 – 12 所示），在文本框中输入 Windows 服务名，也可以使用默认名。

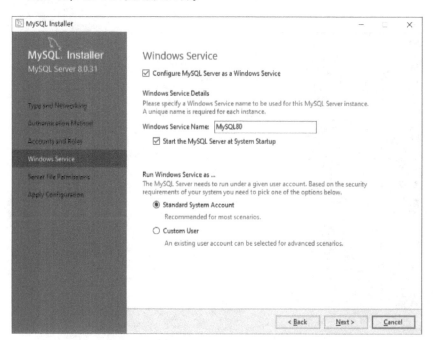

图 2 – 12　Windows 服务界面

步骤9：单击"Next"按钮，进入服务文件许可界面，如图2-13所示。这里使用默认选项。

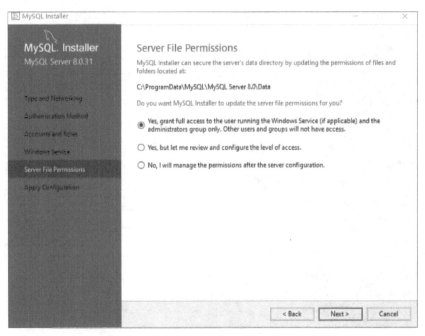

图2-13　服务文件许可界面

步骤10：单击"Next"按钮，进入标准配置界面，单击"Execute"按钮开始执行配置。配置完成后的标准配置界面如图2-14所示。

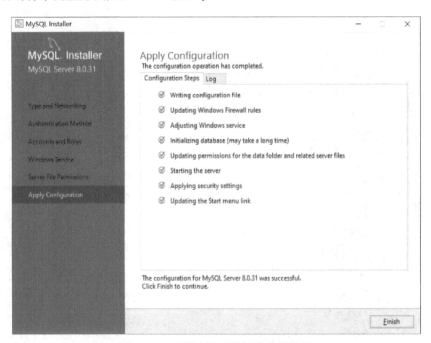

图2-14　配置完成后的标准配置界面

步骤 11：配置执行结束后，单击"Finish"按钮，状态栏会显示"Configuration complete"，如图 2-15 所示。

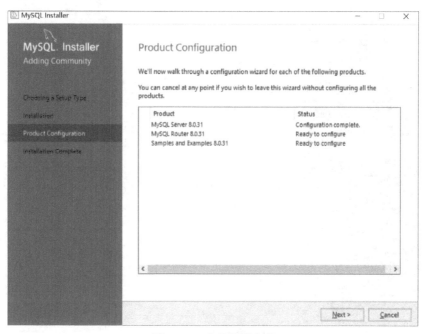

图 2-15　产品配置完成

步骤 12：单击"Next"按钮，进入连接服务器测试界面，输入用户名和密码，单击"Check"按钮，状态栏为绿色并显示"Connection succeeded"即表示连接成功，如图 2-16 所示。

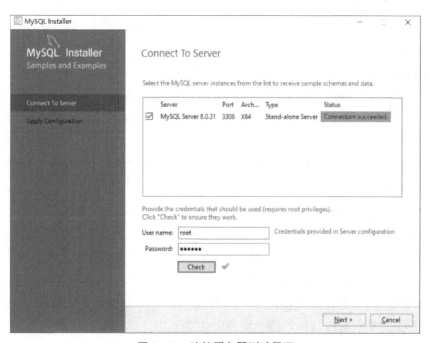

图 2-16　连接服务器测试界面

步骤13：单击"Next"按钮，在新的界面中单击"Execute"按钮，配置结果如图2-17所示。

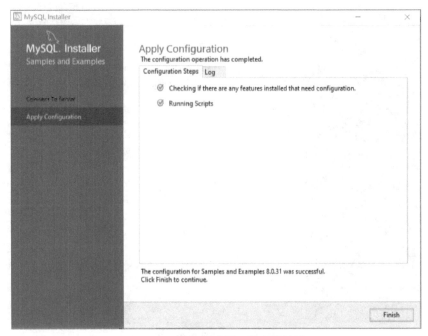

图2-17　应用测试界面的配置结果

步骤14：在图2-17所示界面中单击"Finish"按钮，至此，MySQL安装完成。

2. MySQL服务启动与停止

（1）通过计算机管理方式启动与停止

通过Windows的服务管理器查看修改，步骤如下。

步骤1：在桌面上右击"此电脑"，选择"管理"命令。

步骤2：弹出"计算机管理"对话框，选择"服务和应用程序"→"服务"，用户可查看计算机的服务状态，找到MySQL80，观察状态，若为"正在运行"，则表明该服务已经启动。在此行右击，弹出快捷菜单，用户可以根据需要对服务进行"重启动""停止"等操作，如图2-18所示。

在步骤2的快捷菜单中选择"属性"命令，进入"MySQL80的属性（本地计算机）"对话框，如图2-19所示。用户可以设置启动类型，在"启动类型"下拉列表中可以选择"自动（延迟启动）""自动""手动"和"禁用"。这4种启动类型的说明如下。

自动（延迟启动）：是操作系统中非常人性化的一个设计。采用这种方式启动，可以在系统启动一段时间后延迟启动服务项，很好地解决了一些低配置计算机因为加载服务项过多导致启动缓慢或启动后响应慢的问题。MySQL服务采用自动（延迟启动）类型，可以手动将状态变为停止、暂停和重启动等。

自动：MySQL 服务自动启动，可以手动将状态设置为停止、暂停和重启动等。

手动：MySQL 服务需要手动启动，启动后可以改变服务状态，如停止、暂停等。

禁用：MySQL 服务不能启动，也不能改变服务状态。

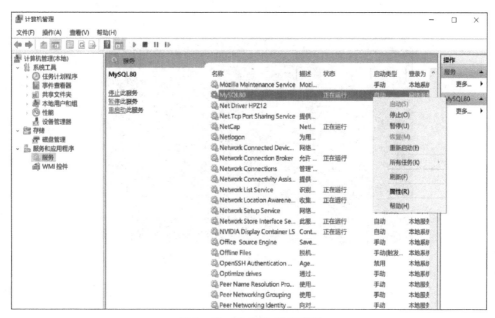

图 2-18　MySQL 服务管理

图 2-19　"MySQL80 的属性（本地计算机）"对话框

（2）通过命令行方式启动与停止

启动：单击"开始"菜单，在搜索框中输入"cmd"，按 < Enter > 键，弹出命令行窗口。从中输入 net start mysql 80，按 < Enter > 键，就能启动 MySQL 服务，如图 2 - 20 所示。

图 2 - 20　命令行方式启动 MySQL 服务

停止：在命令行窗口中输入 net stop mysql80，按 < Enter > 键，就能停止 MySQL 服务，如图 2 - 21 所示。

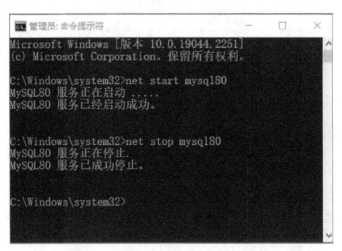

图 2 - 21　命令行方式停止 MySQL 服务

3. MySQL 服务器的连接与关闭

（1）通过命令行方式连接和关闭服务器

1）连接服务器。

步骤 1：单击"开始"菜单，在搜索框中输入"cmd"，以管理员身份运行。

步骤 2：使用 cd 命令进入 MySQL 安装目录的 bin 目录下，如图 2 - 22 所示。

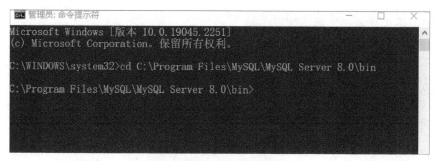

图 2-22 进入 bin 目录

步骤 3：输入 mysql-u root-p，连接本机的 MySQL 服务器，运行结果如图 2-23 所示。当 MySQL 控制台出现提示符"mysql >"时，表示等待用户输入 SQL 命令。

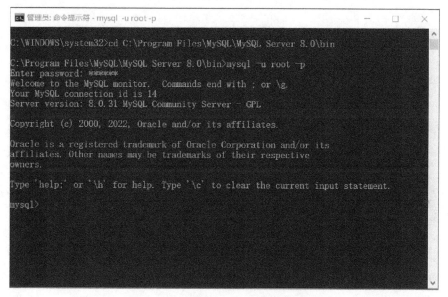

图 2-23 命令行方式连接服务器成功

2）关闭服务器。在"mysql >"提示符后输入 exit 或 quit，可结束当前操作，退出客户机，如图 2-24 所示。

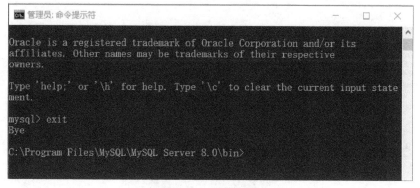

图 2-24 退出客户机

（2）通过图形化管理工具连接服务器

步骤 1：单击图 2 - 1 中的"连接"按钮，并在下拉列表中选择"MySQL"选项，显示图 2 - 25 所示的对话框。输入连接名，密码为安装配置时所设置的 root 账号的密码，其他选项使用默认值。

图 2 - 25　"MySQL - 新建连接"对话框

步骤 2：输入完成后，单击"测试连接"按钮，如果出现图 2 - 26 所示的连接成功提示，则表示连接成功，否则连接失败。

图 2 - 26　连接成功提示

步骤 3：单击图 2-26 中的"确定"按钮，进入 Navicat Premium 控制台界面，如图 2-27 所示。

图 2-27　Navicat Premium 控制台界面

任务 2　使用图形化管理工具创建学生成绩管理系统数据库

【任务描述】

数据库是 MySQL 最基本的操作对象之一，本任务主要讲述使用图形化管理工具创建学生成绩管理系统数据库。

【知识准备】

1. MySQL 数据库文件

MySQL 数据库的各种数据以文件的形式保存在系统中，数据库文件保存在以数据库命名的文件夹中。

MySQL 配置文件（my. ini）中的 datadir 参数指定了数据库文件的存储位置。

2. MySQL 数据库分类

MySQL 数据库包括系统数据库和用户数据库两类，常见的 MySQL 系统数据库如表 2-1 所示。

表 2-1 常见的 MySQL 系统数据库

序号	系统数据库名称	说明
1	mysql	这是 MySQL 的核心数据库，包含存储 MySQL 服务器运行时所需信息的表、存储数据库对象元数据的数据字典表，以及用于其他操作目的的系统表。如果对 MySQL 不是很了解，那么不要轻易修改这个数据库里面的表信息
2	information_schema	MySQL 自带的一个信息数据库，其保存着关于 MySQL 服务器所维护的所有其他数据库的信息，如数据库名、数据库的表与访问权限等
3	performance_schema	这个数据库主要用于收集数据库服务器的性能参数，其存储引擎会监视 MySQL 服务的事件
4	sys	通过这个数据库，用户可以快速地了解系统的元数据信息，可以方便 DBA 发现数据库的很多信息，解决性能瓶颈

用户数据库是用户根据实际应用需求创建的数据库，如员工信息管理数据库、财务管理数据库、商品信息数据库等。MySQL 可以包含多个用户数据库。

3. 创建学生成绩管理系统数据库

软件安装成功后，就可以进行学生成绩管理系统数据库的创建了。数据库的创建方法有两种：一种是使用 Navicat 对话方式创建，其优点是简单直观；另一种是使用 SQL 语句创建。

【任务实施】

这里以创建学生成绩管理系统数据库（student_score）为例，使用 Navicat 图形化方式创建用户数据库。

步骤 1：双击"Navicat Premium 15"快捷方式，打开"Navicat Premium"窗口，在图 2-27 中的连接名"hn"上右击，选择"打开连接"命令，运行结果如图 2-28 所示。

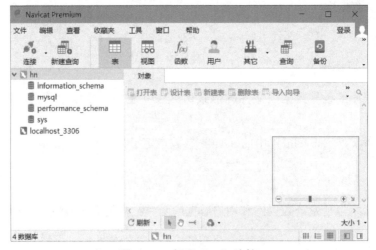

图 2-28 打开"hn"连接

步骤 2：在"hn"连接名上右击，在弹出的快捷菜单中选择"新建数据库"命令，弹出"新建数据库"对话框，如图 2 – 29 所示。在"常规"选项卡中分别输入数据库名、字符集和排序规则，单击"确定"按钮。

图 2 – 29　"新建数据库"对话框

步骤 3：此时，数据库已创建成功。但若要把"student_ score"数据库指定为当前的默认数据库，则可在"student_score"节点上双击，或右击后选择"打开数据库"命令，如图 2 – 30 所示。

图 2 – 30　打开"student_score"数据库

任务 3　使用 SQL 语句创建学生成绩管理系统数据库

【任务描述】

数据库是 MySQL 最基本的操作对象之一，本任务主要讲述使用 SQL 语句创建学生成绩管理系统数据库。

【知识准备】

1. SQL 简介

SQL（Structure Query Language，结构化查询语言）是使用关系模型的数据库应用语言。SQL 由 IBM 在 20 世纪 70 年代开发，后由美国国家标准局（ANSI）制定 SQL 标准。它包括数据插入、查询、更新和删除语句，数据库模式的创建和修改语句，以及数据访问控制语句。

2. SQL 语句的分类

SQL 语句可分为如下几种：

DQL（Data Query Language，数据查询语言）：主要用于查询数据库中表的记录。

DDL（Data Definition Language，数据定义语言）：用来定义数据库对象，包括数据库、表、列等。

DML（Data Manipulation Language，数据操作语言）：用来对数据库中表的数据进行增删改等操作。

DCL（Data Control Language，数据控制语言）：用来定义数据库的访问权限和安全级别，并可创建用户。

3. MySQL 的语法规范

（1）基本规则

- SQL 语句可以写在一行或多行。为了提高可读性，各子句分行写，必要时使用缩进。
- 每条命令以 ;、\ G 或 \ g 结束。
- 关键字不能缩写，也不能分行。
- 关于标点符号：
  - ◇ 必须保证所有的小括号、单引号、双引号成对出现。
  - ◇ 必须使用英文状态下的半角输入方式。
  - ◇ 字符串类型、日期和时间类型的数据可以使用单引号引用。
  - ◇ 列的别名，不建议省略 as。

（2）注释

- 单行注释：# 注释文字。
- 单行注释：－－注释文字。
- 多行注释：/＊ 注释文字 ＊/。

（3）命名规则

- 数据库、表名不得超过 30 个字符，变量名限制为 29 个。
- 只能包含 A ~ Z，a ~ z，0 ~ 9，_ 这 63 个字符中的字符。
- 数据库名、表名、字段名等对象名中间不能有空格。
- 同一个 MySQL 中的数据库不能重名；同一个库中，表不能重名；同一个表中，字段不能重名。
- 自定义字段不能和保留字、数据库系统名称或常用方法名称冲突。

4. 使用 SQL 语句创建数据库

在 MySQL 中，可以使用 CREATE DATABASE 语句创建数据库，语法格式如下：

```
CREATE DATABASE [IF NOT EXISTS] <数据库名>
[[DEFAULT] CHARACTER SET <字符集名>]
[[DEFAULT] COLLATE <校对规则名>];
```

✔ **说明**

1）<数据库名>：创建数据库的名称。MySQL 的数据存储区将以目录方式表示 MySQL 数据库，因此数据库名称必须符合操作系统的文件命名规则，不能以数字开头，要有实际意义。注意，在 MySQL 中不区分大小写。

2）IF NOT EXISTS：在创建数据库之前进行判断，只有该数据库目前尚不存在时才能执行操作。此选项可以避免数据库已经存在而重复创建的错误。

3）[DEFAULT] CHARACTER SET：指定数据库的字符集。指定字符集是为了避免在数据库中存储的数据出现乱码的情况。如果在创建数据库时不指定字符集，那么就使用系统的默认字符集。

4）[DEFAULT] COLLATE：指定字符集的默认校对规则。

【任务实施】

1. 在 CMD 窗口中用命令语句创建数据库

这里以创建学生成绩管理系统数据库（student_score）为例，使用 SQL 命令方式创建用户数据库。

步骤 1：单击"开始"菜单，在搜索框中输入"cmd"，按 <Enter> 键，弹出命令行窗口。进入 MySQL 安装目录，在"mysql >"提示符后输入以下 SQL 语句，按 < Enter > 键执行，运行结果如图 2 – 31 所示。

```
create database student_score
default character set utf8mb4
default collate utf8mb4_general_ci;
```

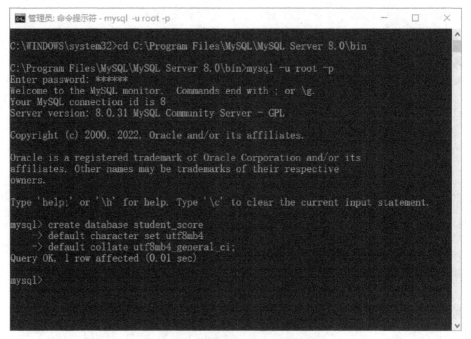

图 2 – 31　使用 SQL 语句创建数据库

步骤 2：使用 SHOW DATABASES 语句查看数据库是否创建成功，如图 2 – 32 所示。

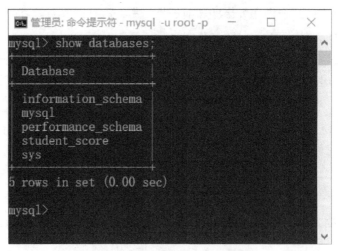

图 2 – 32　查看数据库是否创建成功

2. 在 Navicat 工具中使用 SQL 语句创建数据库

步骤 1：打开图 2-28 所示的界面，打开"hn"节点，单击"新建查询"按钮，新建查询窗口，在该窗口中输入以下代码：

```
create database student_score
default character set utf8mb4
default collate utf8mb4_general_ci;
```

步骤 2：选中以上代码，单击"运行"按钮，创建数据库。刷新"hn"节点，student_score 数据库出现在数据库列表中，如图 2-33 所示。

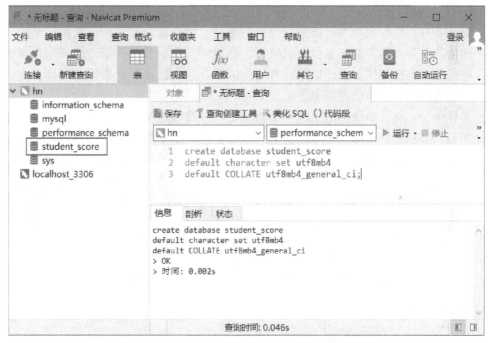

图 2-33　Navicat 工具中使用 SQL 语句创建数据库

任务 4　学生成绩管理系统数据库的维护

【任务描述】

本任务主要从图形操作、命令行方式或 SQL 语句等方面介绍与学生成绩管理系统数据库维护相关的操作，主要包括打开、删除、备份和还原数据库。

【知识准备】

1. 备份与还原

备份可防止原数据丢失，保证数据的安全。当数据库因为某些原因造成部分或者全部数据丢失后，备份文件可以帮用户找回丢失的数据。因此，数据备份是很重要的工作。

当数据被破坏后，将备份的文件重新还原至数据库，可减少损失。这是最经济、最简单的止损方式。

2. 备份类型

从物理与逻辑的角度，备份可分为逻辑备份、物理备份。

从数据库的备份策略角度，备份可分为完全备份、差异备份、增量备份。

- 完全备份：指每次都对数据进行完整的备份，即对整个数据库、数据库结构和文件结构的备份，保存的是备份完成时刻的数据库，是差异备份与增量备份的基础。完全备份的备份与恢复操作简单、方便，但是存在大量重复的数据，并且会占用大量的磁盘空间，备份的时间也很长。
- 差异备份：备份那些自从上次完全备份之后被修改过的所有文件，备份数据量会越来越大。恢复数据时，只需恢复上次的完全备份与最近的一次差异备份。
- 增量备份：只有那些在上次完全备份或者增量备份后被修改的文件才会被备份。以上次完全备份或上次增量备份的时间为时间点，仅备份这之间的数据变化，因而备份的数据量小，占用空间小，备份速度快。但恢复时，需要从上一次的完全备份开始到最后一次增量备份之间的所有增量依次恢复，如中间某次的备份数据损坏，将导致数据的丢失。

3. 备份与还原数据库的命令格式

（1）备份数据库

命令格式：

```
mysqldump -u root -p[密码] 库名1 [库名2 …]  >备份路径/备份文件名.sql
```

✔ **说明**
- 备份文件名.sql 是指备份产生的脚本文件。
- 备份产生的脚本文件中不包含创建数据库的语句。
- 本语句可以备份一个或多个数据库中的所有数据表。

（2）还原数据库

命令格式：

```
mysql -u root -p -D数据库 <备份路径/备份文件名.sql
```

✔ 说明

因备份文件中没有创建数据库的语句，因此执行该命令之前，可以事先创建一个空的数据库。

【任务实施】

1. 打开数据库

(1) 通过图形化管理工具打开数据库

在图 2-33 所示的界面中选择 "student_score" 数据库，右击，在弹出的菜单中选择 "打开数据库" 命令即可，如图 2-34 所示。

图 2-34　选择 "打开数据库" 命令

(2) 在 CMD 中使用命令语句打开数据库

在图 2-32 所示的界面中输入以下命令，打开 "student_score" 数据库，并将其作为当前默认数据库，如图 2-35 所示。

```
USE student_score;
```

图 2-35　在 CMD 中使用命令语句打开数据库

（3）在 Navicat 中使用 SQL 语句打开数据库

在新建查询窗口中输入以下命令并选择，单击"运行已选择的"按钮即可，如图 2-36 所示。

图 2-36　在 Navicat 中使用 SQL 语句打开数据库

2. 删除数据库

（1）通过图形化管理工具删除数据库

在图 2-36 所示的界面中选择"student_score"数据库，右击，在弹出的菜单中选择"删除数据库"命令即可，如图 2-37 所示。

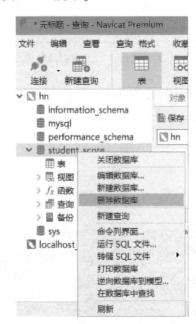

图 2-37　通过图形化管理工具删除数据库

（2）在 CMD 中使用命令语句删除数据库

在图 2－32 所示的界面中输入以下命令，删除"student_score"数据库，如图 2－38 所示。

```
drop database student_score;
```

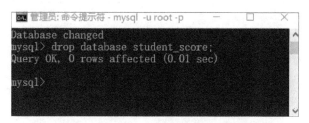

图 2－38　在 CMD 中使用命令语句删除数据库

（3）在 Navicat 中使用 SQL 语句删除数据库

在新建查询窗口中输入以下命令并选择，单击"运行已选择的"按钮即可，如图 2－39 所示。

```
drop DATABASE student_score;
```

图 2－39　在 Navicat 中使用 SQL 语句删除数据库

3. 备份数据库

（1）通过图形化管理工具备份数据库

步骤 1：在"Navicat Premium"窗口中，依次展开 hn→student_score，在"备份"上右击，选择"新建备份"命令，弹出图 2－40 所示的对话框。

图2-40 "新建备份"对话框

步骤2：选择"对象选择"选项卡，根据实际情况选择需要备份的对象，单击"备份"按钮，开始对数据库进行备份，备份成功后的界面如图2-41所示。

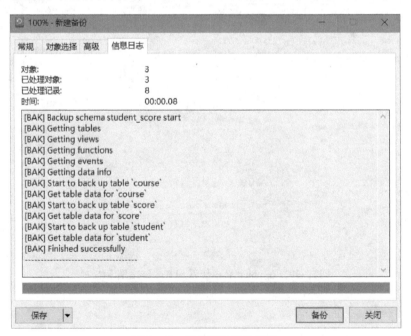

图2-41 备份成功后的界面

步骤3：单击"关闭"按钮，回到"Navicat Premium"窗口，本次备份文件会自动显示在备份列表中，如图2-42所示。

图 2-42 备份列表

（2）在 CMD 中使用命令语句备份数据库

步骤 1：以管理员方式打开命令行窗口，进入 MySQL 安装目录下的 bin 目录，执行以下数据库备份命令，如图 2-43 所示。

```
mysqldump -u root -p student_score >d:/student.sql
```

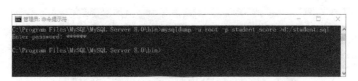

图 2-43 在 CMD 中使用命令语句备份数据库

步骤 2：在 D 盘中查找是否有 student.sql 文件，若有，则表示备份成功，否则备份失败。

4. 还原数据库

（1）通过图形化管理工具还原数据库

步骤 1：在图 2-42 所示的备份列表中选择需要还原的备份文件，右击，在弹出的快捷菜单中选择"还原备份"命令，弹出图 2-44 所示的对话框。

步骤 2：在"对象选择"选项卡中选择需要还原的数据库对象，单击"还原"按钮，则开始对数据库进行还原操作。

（2）在 CMD 中使用命令语句还原数据库

步骤：以管理员方式打开命令行窗口，进入 MySQL 安装目录下的 bin 目录，执行以下数据库备份命令，如图 2-45 所示。

```
mysql -u root -p -D student_score < d:/student.sql
```

图 2-44 "还原备份"对话框

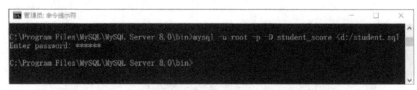

图 2-45 在 CMD 中使用命令语句还原数据库

✔ 说明

为了验证数据库还原是否成功，可以在备份后把数据库中的数据表删除。在执行还原语句后，刷新数据库和数据表，如果表存在，则表示还原成功，否则还原失败。

课后练习

1. 在自己的计算机上完成 MySQL 8 和 Navicat 图形化管理工具的安装。

2. 分别使用图形化管理工具和命令行方式创建员工薪资管理数据库（employee manager）。

3. 对员工薪资管理数据库（employee manager）进行备份和还原操作。

项目 3 ▶ 学生成绩管理系统数据表的创建与管理

知识目标

- 了解数据表基础知识。
- 掌握使用图形化管理工具创建、修改、数据表。
- 掌握使用 SQL 语句创建、修改、删除数据表。
- 掌握完整性约束的创建、修改、删除操作。

能力目标

- 能理解完整性约束的概念。
- 能使用图形化管理工具实现对数据表的创建、修改及删除操作。
- 能使用 SQL 语句实现对数据表的创建、修改及删除操作。
- 能独立实现对表结构完整性约束的创建与管理操作。

任务 1　创建学生成绩管理系统数据库中的表

【任务描述】

数据库创建以后，需要创建数据表来存储数据。本任务主要利用图形化管理工具和 SQL 语句创建数据表及设置约束。

【知识准备】

1. 表的概念

在 MySQL 中，表是数据库中最重要、最基本的操作对象，是存储数据的基本单位。一个表就是一个关系，表实质上就是行列的集合，一行代表一条记录，一列代表记录的一个字段。表由若干行组成，表的第一行为各列标题，其余行都是数据。在表中，行的顺序可以任意。不同的表有不同的名称。

2. 表的命名规则

1）名称可以由 26 个英文字母、0 ~ 9、下画线 "_" 组成。

2）以名词的复数形式命名且都为小写。

3）若表名由几个单词组成，则单词间用下画线 "_" 连接。

3. 字段名的命名规则

1）字段名尽量采用小写，并且应采用有意义的单词。

2）使用前缀，前缀尽量由表的 "前 4 个字母 + 下画线" 组成。

3）如果字段名由多个单词组成，则使用下画线来进行连接，一旦超过 30 个字符，则可用缩写来缩短字段名的长度。

4. 数据类型

数据类型（data_type）是指系统中所允许的数据的类型。数据表中，每列都有适当的数据类型，用于限制或允许存储该列中的数据。例如，列中存储的为数字，则相应的数据类型应该为数值类型。

如果使用错误的数据类型，则可能会严重影响应用程序的功能和性能，所以在设计表时应该特别重视数据列所用的数据类型。不能随意更改包含数据的列，否则可能会导致数据丢失。因此，在创建表时，必须为每个列设置正确的数据类型和长度。

MySQL 的数据类型主要分为以下三大类：数值类型、字符串类型和日期/时间类型。

（1）数值类型

数值类型主要用于存储数字。MySQL 提供了多种数值类型，不同的数值类型有不同的取值范围。可以存储的值范围越大，所需的存储空间也会越大。

MySQL 的数值类型分为整型和浮点型两种。

整型有 TINYINT、SMALLINT、MEDIUMINT、INT、BIGINT，其属性字段可以添加 AUTO_INCREMENT 自增约束条件。

浮点型包括 FLOAT、DOUBLE 和 DECIMAL（M，D）3 种。在 DECIMAL（M，D）中，M 为精度，表示总共的位数；D 为标度，表示小数的位数。

（2）字符串类型

字符串类型用来存储字符串数据、图片和声音的二进制数据。MySQL 支持用单引号或双引号包含的字符串。例如，"中国" 和 '中国' 表示的是同一个字符串。

MySQL 中常用的字符串类型有 CHAR（M）、VARCHAR（M）、TINYTEXT、TEXT、MEDIUMTEXT、LONGTEXT、ENUM、SET 等。在 CHAR（M）、VARCHAR（M）中，M 表示可存储的长度。

（3）日期/时间类型

日期/时间类型用于存储日期或时间。MySQL 中常用的数据类型有 YEAR、TIME、DATE、DATETIME、TIMESTAMP。若只记录年信息，则可以只使用 YEAR 类型。

5. 数据完整性和约束

（1）数据完整性

数据完整性是指数据的可靠性和准确性。完整性约束是指数据库的内容必须随时遵守的规则。若定义了数据完整性约束，那么 MySQL 会负责数据的完整性，每次更新数据时，MySQL 都会测试新的数据内容是否符合相关的完整性约束条件，只有符合完整性约束条件的更新才会被接受。它分实体完整性、域完整性和引用完整性 3 类。

1）实体完整性。实体完整性用于约束一个表中不出现重复记录。限制重复记录的出现是通过在表中设置"主键"来实现的。"主键"字段不能输入重复值和空值，如果主属性取空值，就说明存在某个不可标识的实体，这与现实世界的应用环境相矛盾，因此这个实体一定不是完整的实体。

2）域完整性。域完整性用于保证给定字段的数据的有效性，即保证数据的取值在有效的范围内。例如，性别只能取"男"或"女"。

3）参照完整性。参照完整性又称引用完整性，用于确保相关联的表间数据的一致性。当添加、删除和修改关系型数据库表中的记录时，可以借助参照完整性来保证相关联的表之间的数据一致性。例如，当向"成绩表"中添加某位学生的成绩信息时，必须保证所添加的课程和学生分别在"课程表"和"学生表"中是存在的，否则是不允许进行添加的。

（2）约束

约束用于规定表中的数据规则，保证表中记录的完整和有效。如果存在违反约束的数据行为，那么该行为会被约束终止。约束可以在创建表时规定（通过 CREATE TABLE 语句），或者在表创建之后规定（通过 ALTER TABLE 语句）。常见的约束有非空约束、唯一约束、主键约束、外键约束、检查约束、默认值约束。

1）非空（NOT NULL）约束。非空约束可针对某个字段设置其值不为空，如学生的姓名不能为空。值得注意的是，非空约束只有列级约束，没有表级约束。

2）唯一（UNIQUE）约束。唯一约束可以使某个字段的值不重复，具有唯一性，如身份证号不能重复。唯一约束允许为空值，但只能出现一个空值。

3）主键（PRIMARY KEY）约束。主键约束用于唯一标识某个实体。每个表都应该具有主键，用于标识记录的唯一性。主键字段不能出现重复值和空值。主键有单一主键和复合主键。

4）外键（FOREIGN KEY）约束。外键约束主要用于维护表之间的关系，主要是为了保证参照完整性。如果表中的某个字段为外键字段，那么该字段的值必须来源于参照表的主键。存在外键的表是子表，参照表是父表。

在定义外键约束时，需要遵守以下规则：

- 必须为父表定义主键。
- 主键不能包含空值，但允许在外键中出现空值。
- 外键中列的数据类型必须和父表主键中对应列的数据类型相同。

5）检查（CHECK）约束。检查约束可为所属字段值设定一个逻辑表达式来限定有效取值范围。检查约束只在添加和更新记录时有效，在删除时无效。在一个列上只能定义一个检查约束。

6）默认值（DEFAULT）约束。默认值约束是指在用户输入数据时，如果该列没有指定数据值，那么系统将把默认值赋给该列。

6. 创建数据表 SQL 语句语法

创建数据表使用 CREATE TABLE 语句，其语法格式如下：

```
CREATE TABLE [IF NOT EXISTS] <表名>(
字段1 数据类型 [约束],
字段2 数据类型 [约束],
    …
);
```

✔ 说明

1）每个字段都可以使用约束对其进行限制说明，如主键约束、外键约束等。

2）可以将数值型字段设置为自动增长（AUTO_INCREMENT）。每增加一条新记录，该字段的值就自动加1，而且此字段的值不允许重复。

【任务实施】

1. 使用图形化管理工具创建数据表

学生成绩管理系统数据库（student_score）有7个数据表，使用图形化管理工具 Navicat 创建系部（department）表、班级（class）表和教师（teacher）表。3个表结构如表3-1～表3-3所示。

表3-1 系部（department）表结构

字段名称	字段命名	数据类型	说明
系部编号	dno	varchar（2）	主键
系部名称	dname	varchar（20）	非空，唯一
系主任	ddirector	varchar（8）	非空，唯一

表 3 - 2　班级（class）表结构

字段名称	字段命名	数据类型	说明
班级编号	cno	char（10）	主键
班级名称	cname	varchar（20）	非空
班主任	cdirector	varchar（8）	—
系部编号	dno	varchar（2）	外键，与系部表的"系部编号"关联

表 3 - 3　教师（teacher）表结构

字段名称	字段命名	数据类型	说明
教师编号	tno	int	自动增长，主键
教师姓名	tname	varchar（8）	非空
性别	sex	enum	取值只能为"男"或者"女"
入职日期	trdate	date	—
职称	title	varchar（8）	—
基本工资	salary	decimal（10，2）	—
系部编号	dno	varchar（2）	外键，与系部表的"系部编号"关联

（1）创建系部（department）表

步骤 1：在"Navicat Premium"窗口中，依次打开"hn"→"student_score"，在"表"节点上右击，选择"新建表"命令，弹出图 3 - 1 所示的表结构设计窗口。

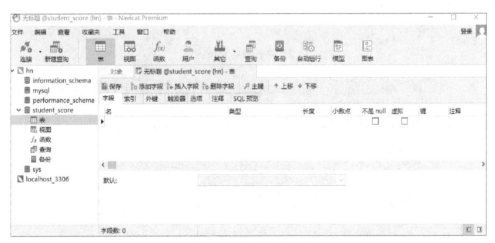

图 3 - 1　表结构设计窗口

步骤 2：在表结构设计窗口中，参照表 3 - 1，通过工具栏上的"添加字段""插入字段"和"删除字段"等按钮来设置字段名、数据类型、长度、主键等。系部表的表结构设计如图 3 - 2 所示，在"索引"选项卡中可设置唯一约束，如图 3 - 3 所示。

步骤 3：完成数据表所有列的设置后，单击工具栏上的"保存"按钮，弹出图 3 - 4 所示的"表名"对话框，输入表名"department"，单击"确定"按钮，即完成系部（department）表的创建。

（2）创建班级（class）表

步骤1：在"Navicat Premium"窗口中，依次打开"hn"→"student_score"，在"表"节点上右击，选择"新建表"命令，弹出表结构设计窗口，参照表3-2，通过工具栏上的"添加字段""插入字段"和"删除字段"等按钮来设置字段名、数据类型、长度、主键等。班级表的表结构设计如图3-5所示，外键约束创建如图3-6所示。

图3-2 系部表的表结构设计

图3-3 设置唯一约束

图 3 - 4　"表名"对话框

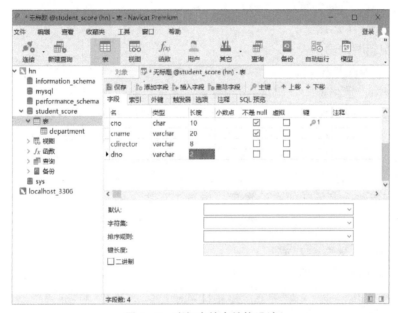

图 3 - 5　班级表的表结构设计

图 3 - 6　外键约束创建

✓ **说明**

1）设计外键的界面有 7 列。

名（name）：可以不填，保存时会自动生成。

字段：要设置的外键。

被引用的模式：外键关联的数据库。

被引用的表（父）：关联的表。

被引用的字段：关联的字段。

删除时：删除时的动作。

更新时：更新时的动作。

2）外键约束有 4 种模式。

- RESTRICT：严格模式（默认），拒绝对父表进行删除或更新操作。
- CASCADE：级联模式，对父表进行删除操作，对应子表关联的数据也跟着被删除。
- SET NULL：置空模式，对父表进行置空操作之后，子表关联的数据（外键字段）也被置空。如果使用该选项，则必须保证子表列没有指定 NOT NULL。
- NO ACTION：标准 SQL 的关键字，在 MySQL 中与 RESTRICT 相同。

步骤 2：完成数据表所有列的设置后，单击工具栏上的"保存"按钮，弹出"表名"对话框，输入表名"class"，单击"确定"按钮，即完成班级（class）表的创建。

（3）创建教师（teacher）表

在"Navicat Premium"窗口中，依次打开"hn"→"student_score"，在"表"节点上右击，选择"新建表"命令，弹出表结构设计窗口，参照表 3 – 3，通过工具栏上的"添加字段""插入字段"和"删除字段"等按钮来设置字段名、数据类型、长度、非空、主键、默认等。教师表的表结构设计如图 3 – 7 所示，sex 字段的 CHECK 约束创建如图 3 – 8 所示。

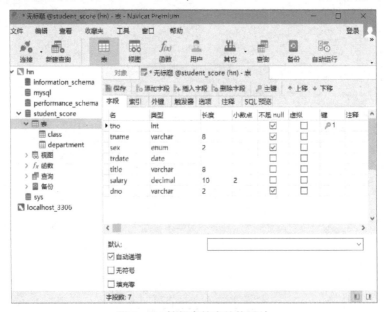

图 3 – 7　教师表的表结构设计

图 3 - 8　sex 字段 CHECK 约束创建

✓ **说明**

1）Navicat 图形化管理工具只能创建非空、主键、外键、唯一、自动增长、默认值约束，CHECK 约束无法直接创建。

2）在 Navicat 中创建 CHECK 约束并不起作用，只能使用 ENUM 类型或通过触发器实现。

2. 使用 SQL 语句创建数据表

使用 SQL 语句创建学生（student）表、课程（lesson）表、授课（teaching）表和成绩（score）表。4 个表的表结构如表 3 - 4 ~ 表 3 - 7 所示。

表 3 - 4　学生（student）表结构

字段名称	字段命名	数据类型	说明
学号	sno	char（12）	主键
姓名	sname	varchar（8）	非空，唯一
性别	gender	char（2）	取值只能为"男"或者"女"
出生日期	birth	date	—
入学日期	srdate	date	—
家庭地址	address	varchar（100）	—
联系电话	phone	varchar（20）	—
班级编号	cno	char（10）	外键，与班级表"班级编号"关联

表 3 – 5 课程（lesson）表结构

字段名称	字段命名	数据类型	说明
课程编号	lno	varchar（10）	主键
课程名称	lname	varchar（20）	非空
学分	credit	tinyint	最大不超过 10
课程类型	type	varchar（20）	默认值为"必修课"

表 3 – 6 授课（teaching）表结构

字段名称	字段命名	数据类型	说明
课程编号	lno	varchar（10）	主键，外键（与课程表"课程编号"关联）
教师编号	tno	int	主键，外键（与教师表"教师编号"关联）
开课学期	semester	varchar（20）	—

表 3 – 7 成绩（score）表结构

字段名称	字段命名	数据类型	说明
学号	sno	char（12）	主键，外键（与学生表"学号"关联）
课程编号	lno	varchar（10）	主键，外键（与课程表"课程编号"关联）
成绩	score	decimal（8，2）	默认值为 0

（1）创建学生（student）表

步骤 1：在"Navicat Premium"窗口中，依次打开"hn"→"student_score"，单击工具栏上的"新建查询"按钮，打开一个空白的 .sql 文件，输入以下 SQL 语句：

```
CREATE TABLE student(
  sno char(12)not null PRIMARY KEY,
  sname varchar(8)not null UNIQUE,
  gender char(2)CHECK(gender ='男' or gender ='女'),
  birth date,
  srdate date,
  address varchar(100),
  phone varchar(20),
  cno char(10),
  CONSTRAINT FK_cno FOREIGN KEY (cno) REFERENCES class (cno)
);
```

步骤 2：在查询窗口中选中以上代码，单击"运行已选择的"按钮，执行 SQL 语句。

步骤 3：在数据库 student_score 列表下右击"表"，选择"刷新"命令，可以在"表"节点下面看到新创建的学生（student）表。学生表 student 创建成功的界面如图 3 – 9 所示。

说明

1）此段代码可在创建表的同时创建约束。

2）MySQL 中的主键约束名永远都是 PRIMARY。就算用户命名了主键约束名，主键约束名也还是 PRIMARY，不会改变。

3）当创建主键约束时，系统默认会在主键约束所在的列或者列组合上建立对应的主键索引。如果删除主键约束，那么主键索引也就自动删除了。

4）删除主键约束之后，非空约束还在。

5）唯一约束未定义约束名时，默认约束名为唯一约束字段名。

6）CHECK 约束未定义约束名时，系统会自动指定一个约束名。

图 3 - 9　student 表创建成功的界面

（2）创建课程（lesson）表

步骤1：在 "Navicat Premium" 窗口中，依次打开 "hn" → "student_score"，单击工具栏上的 "新建查询" 按钮，打开一个空白的 .sql 文件，输入以下 SQL 语句：

```
CREATE TABLE lesson(
  lno VARCHAR(10)not null PRIMARY KEY,
  lname VARCHAR(20)not null,
  credit TINYINT CHECK(credit < =10),
  type VARCHAR(20)DEFAULT '必修课'
)
```

步骤 2：在查询窗口中选中以上代码，单击"运行已选择的"按钮，执行 SQL 语句。

步骤 3：在数据库 student_score 列表下右击"表"，选择"刷新"命令，可以在"表"节点下面看到新创建的课程（lesson）表。

（3）创建授课（teaching）表

步骤 1：在"Navicat Premium"窗口中依次打开"hn"→"student_score"，单击工具栏上的"新建查询"按钮，打开一个空白的 .sql 文件，输入以下 SQL 语句：

```
CREATE TABLE teaching(
  lno varchar(10)not null,
  tno int not null,
  semester VARCHAR(20),
  PRIMARY KEY(lno,tno)
  FOREIGN KEY(lno) REFERENCES lesson(lno),
  FOREIGN KEY(tno) REFERENCES teacher(tno),
)
```

步骤 2：在查询窗口中选中以上代码，单击"运行已选择的"按钮，执行 SQL 语句。

步骤 3：在数据库 student_score 列表下右击"表"，选择"刷新"命令，可以在"表"节点下面看到新创建的授课（teaching）表。

（4）创建成绩（score）表

步骤 1：在"Navicat Premium"窗口中依次打开"hn"→"student_score"，单击工具栏上的"新建查询"按钮，打开一个空白的 .sql 文件，输入以下 SQL 语句：

```
CREATE TABLE score (
  sno char(12)not null,
  lno VARCHAR(10)not null,
  score DECIMAL(8,2),
  PRIMARY KEY(sno,lno),
  CONSTRAINT FK_sno FOREIGN KEY (sno) REFERENCES student (sno),
  CONSTRAINT FK_lno FOREIGN KEY (lno) REFERENCES lesson (lno)
)
```

步骤 2：在查询窗口中选中以上代码，单击"运行已选择的"按钮，执行 SQL 语句。

步骤 3：在数据库 student_score 列表下右击"表"，选择"刷新"命令，可以在"表"节点下面看到新创建的成绩（score）表。

任务 2　修改学生成绩管理系统数据库中的表

【任务描述】

为实现数据库中表规范化设计的目的，有时需要对之前已经创建的表进行结构修改或者调整。修改数据表的前提是数据库中已经存在该表。

【知识准备】

1. 查看表结构信息

数据表创建以后，用户可以查看数据表的定义等信息。

(1) 查看数据库中的所有表

查看数据库中所有数据表的语法格式如下：

```
USE <数据库名>;
SHOW TABLES;
```

或

```
SHOW TABLES FROM <数据库名>;
```

(2) 查看表结构

表结构信息包括字段名、数据类型、是否允许为空、关键字、默认值等。查看数据表表结构的语法格式如下：

```
DESCRIBE |DESC <表名>;
```

(3) 查看数据表的创建语句

查看数据表创建语句的语法格式如下：

```
SHOW CREATE TABLE <表名>;
```

在语句中可以看到字段名、数据类型、约束等信息。

2. 修改表结构

当设计出现缺陷或创建过程中出现误输入时，需要执行修改表名、添加字段、删除字段、修改数据类型、添加约束、删除约束等操作。在 MySQL 中，使用 ALTER TABLE 语句修改表结构。

(1) 添加字段

随着业务的变化，可能需要在已经存在的表中添加新的字段。一个完整的字段包括字段名、数据类型、完整性约束。添加字段的语法格式如下：

```
ALTER TABLE <表名>
    ADD <新字段名> <数据类型> [约束条件] [FIRST |AFTER <字段名>];
```

✅ **说明**

1）表名：要修改数据类型的字段所在表的名称。

2）新字段名：需要添加的字段名称。

3）约束条件：可选项，在添加字段时可以根据实际需要给字段添加非空、唯一等约束。

4）FIRST：可选参数，其作用是将新添加的字段设置为表的第一个字段。

5）AFTER：可选参数，其作用是将新添加的字段添加到指定的已存在的字段名的后面。

6）字段名：已存在的字段名称。

（2）修改字段数据类型

修改字段的数据类型就是把字段的数据类型转换成另一种数据类型。在 MySQL 中，修改字段数据类型的语法格式如下：

```
ALTER TABLE <表名> MODIFY <字段名> <数据类型>;
```

✅ **说明**

1）表名：要修改数据类型的字段所在表的名称。

2）字段名：需要修改的字段。

3）数据类型：修改后字段的新数据类型。

（3）删除字段

删除字段是将数据表中的某个字段从表中移除，语法格式如下：

```
ALTER TABLE <表名> DROP <字段名>;
```

✅ **说明**

字段名：需要从表中删除的字段名称。

（4）修改字段名

MySQL 中修改字段名的语法格式如下：

```
ALTER TABLE <表名> CHANGE <旧字段名> <新字段名> <新数据类型>;
```

✅ **说明**

1）表名：要修改字段名的字段所在表的名称。

2）旧字段名：修改前的字段名。

3）新字段名：修改后的字段名。

4）新数据类型：修改后的数据类型。如果不需要修改字段的数据类型，则可以将新数据类型设置成与原来一样，但数据类型不能为空。

（5）修改表名

在 MySQL 中，可以通过 ALTER TABLE 语句来实现表名的修改，语法格式如下：

```
ALTER TABLE <旧表名> RENAME [TO] <新表名>；
```

说明

1）旧表名：数据表当前的名字。

2）TO：可选参数，使用与否均不影响结果。

3）新表名：数据表新的名字。

（6）修改列的排列位置

在 MySQL 中，可以通过 ALTER TABLE 语句来改变表中列的相对位置，语法格式如下：

```
ALTER TABLE <表名> MODIFY <字段1> <数据类型> FIRST |AFTER <字段2>；
```

说明

1）表名：要修改字段顺序的字段所在表的名称。

2）字段 1 和字段 2 务必都是表中已存在的字段。

3. 使用 SQL 语句修改约束

数据表创建好，未添加任何记录之前，为了数据的完整性和准确性，可能需要添加、修改或删除约束。在 MySQL 中，使用 ALTER TABLE 语句修改表结构中的约束。

（1）非空约束

1）添加非空约束。为现有表添加非空约束的语法格式如下：

```
ALTER TABLE <表名> MODIFY <字段名> <数据类型> NOT NULL；
```

说明

①表名：要添加非空约束的字段所在表的名称。

②字段名：表中已存在的字段名。

2）删除非空约束。删除现有表中某字段非空约束的语法格式如下：

```
ALTER TABLE <表名> MODIFY <字段名> <数据类型>；
```

说明

①表名：要删除非空约束的字段所在表的名称。

②字段名：表中已存在的字段名。

（2）主键约束

1）添加主键约束。为现有表某字段或某组合字段添加主键约束的语法格式如下：

```
ALTER TABLE <表名> MODIFY <字段名> <数据类型> PRIMARY KEY;
```

或

```
ALTER TABLE <表名> ADD PRIMARY KEY( <字段名> );
```

或

```
ALTER TABLE <表名> ADD CONSTRAINT <约束名> PRIMARY KEY( <字段名> );
```

✔ **说明**

①表名：要添加主键约束的字段所在表的名称。

②字段名：需要添加主键约束的字段名称。此字段务必是非空字段。

③第 1 种格式中的字段名为单一字段，第 2 种和第 3 种格式中的字段名可以为单一字段，也可以为复合字段。

2）删除主键约束。删除现有表中单一主键或复合主键的语法格式如下：

```
ALTER TABLE <表名> DROP PRIMARY KEY;
```

✔ **说明**

表名：要删除主键约束所在表的名称。

（3）唯一约束

1）添加唯一约束。为现有表某字段添加唯一约束的语法格式如下：

```
ALTER TABLE <表名> MODIFY <字段名> <数据类型> UNIQUE;
```

或

```
ALTER TABLE <表名> ADD UNIQUE( <字段名> );
```

或

```
ALTER TABLE <表名> ADD CONSTRAINT <约束名> UNIQUE( <字段名> );
```

✔ **说明**

①表名：要添加唯一约束的字段所在表的名称。

②字段名：需要添加唯一约束的字段名称。

2）删除唯一约束。删除现有表中某字段的唯一约束的语法格式如下：

```
ALTER TABLE <表名> DROP KEY <唯一约束名>;
```

或

```
ALTER TABLE <表名> DROP INDEX <唯一约束名>;
```

说明

表名：要删除唯一约束所在表的名称。

（4）默认值约束

1）添加默认值约束。为现有表某字段添加默认值约束的语法格式如下：

```
ALTER TABLE <表名> MODIFY <字段名> <数据类型> DEFAULT 默认值;
```

或

```
ALTER TABLE <表名> ALTER COLUMN <字段名> SET DEFAULT 默认值;
```

说明

①表名：要添加默认值约束的字段所在表的名称。

②字段名：需要添加默认值约束的字段名称。

2）删除默认值约束。删除现有表中某字段默认值约束的语法格式如下：

```
ALTER TABLE <表名> ALTER COLUMN <字段名> DROP DEFAULT;
```

或

```
ALTER TABLE <表名> MODIFY <字段名> <数据类型>;
```

（5）外键约束

1）添加外键约束。为现有表某字段添加外键约束的语法格式如下：

```
ALTER TABLE <表名>
    ADD CONSTRAINT <约束名> FOREIGN KEY(外键字段名)
    REFERENCES <主键表名>(主键字段);
```

说明

①表名：要添加外键约束的字段所在表的名称。

②约束名：将要创建的外键约束的名称。

③外键字段名：表中要创建外键的字段名称。

④主键表名：主键字段所在的表名称。

⑤主键字段：外键必须是另一个表的主键，外键在另一个表中的主键参照字段。

2）删除外键约束。删除现有表中某字段外键约束的语法格式如下：

```
ALTER TABLE <表名> DROP FOREIGN KEY <外键约束名>；
```

【任务实施】

1. 查看表结构信息

表结构的查看可以在 CMD 和 Navicat 的查询中执行，但在 CMD 中的结果更直观。因此，查看表结构的操作将在 CMD 中实现。

（1）查看数据库中的所有表

下面查看学生成绩管理系统数据库（student_score）中的所有表。在 CMD 中输入以下命令，运行结果如图 3-10 所示。

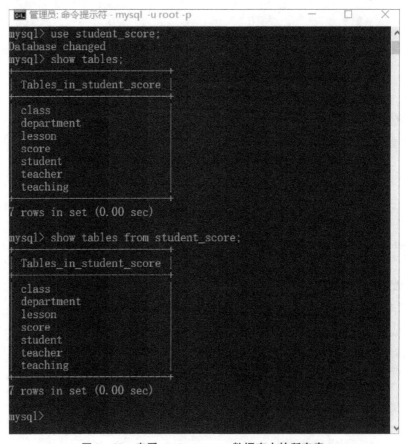

图 3-10　查看 student_score 数据库中的所有表

```
USE student_score;
SHOW TABLES;
```

或

```
SHOW TABLES FROM student_score;
```

（2）查看表结构

下面查看学生成绩管理系统数据库（student_score）中学生（student）表的表结构。在 CMD 中输入以下命令，运行结果如图 3-11 所示。

```
USE student_score;
DESC student;
```

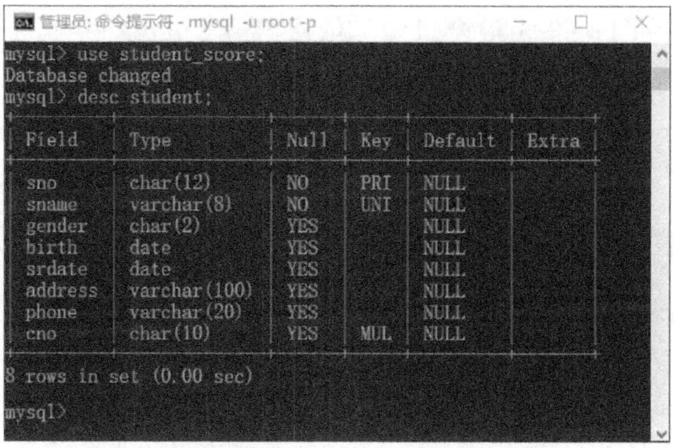

图 3-11　查看学生（student）表的表结构

（3）查看表的创建语句

下面查看学生成绩管理系统数据库（student_score）中学生（student）表的创建语句。在 CMD 中输入以下命令，运行结果如图 3-12 所示。

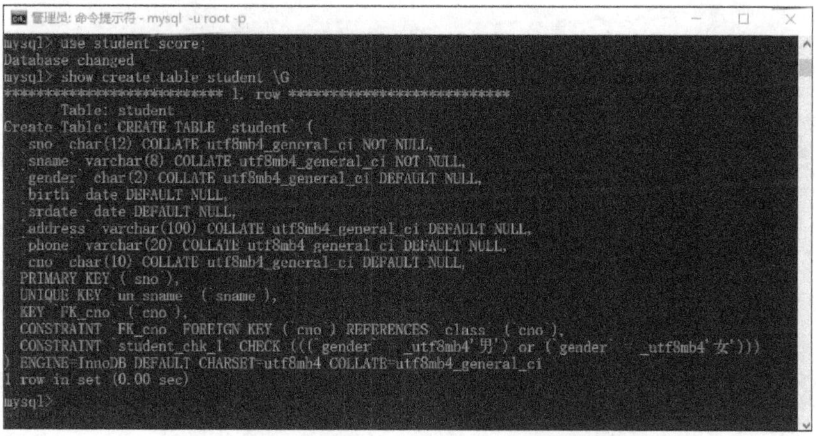

图 3-12　查看学生（student）表的创建语句

```
USE student_score;
SHOW CREATE TABLE student \ G;
```

✔ **说明**

1）使用"SHOW CREATE TABLE student ＼G"语句纵向输出查询结果，以便阅读。

2）从运行结果中，可以看出学生（student）表的字段名、数据类型、是否为空、约束类型、约束名等相关信息。

2. 修改表结构

（1）添加字段

下面为学生成绩管理系统数据库（student_score）的教师（teacher）表添加职称（pro）字段，类型 varchar，最多 10 个字符，定位在 trdate 字段前。

1）使用 Navicat 图形化管理工具添加字段。

步骤 1：在"Navicat Premium"窗口中，依次打开"hn"→"student_score"，在"表"节点的"teacher"上右击，选择"设计表"命令，打开 teacher 表的表结构设计窗口。

步骤 2：在 teacher 表的表结构设计窗口中，在"trdate"字段上右击，在弹出的快捷菜单中选择"插入字段"命令，输入要添加的字段名及数据类型等，如图 3－13 所示。

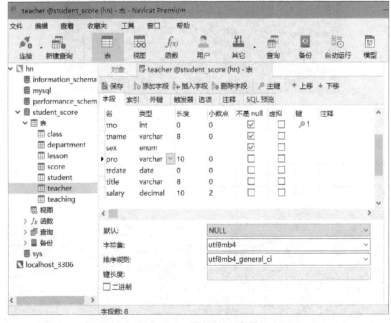

图 3－13　添加 pro 字段

步骤 3：添加完成后，单击工具栏中的"保存"按钮即可。

2）使用 SQL 语句添加字段。

在查询窗口中输入以下 SQL 语句，选中所输入语句，单击"运行已选择的"按钮，完成字段添加，运行结果如图 3－14 所示。

```
ALTER TABLE teacher
    ADD pro varchar(10)AFTER sex;
```

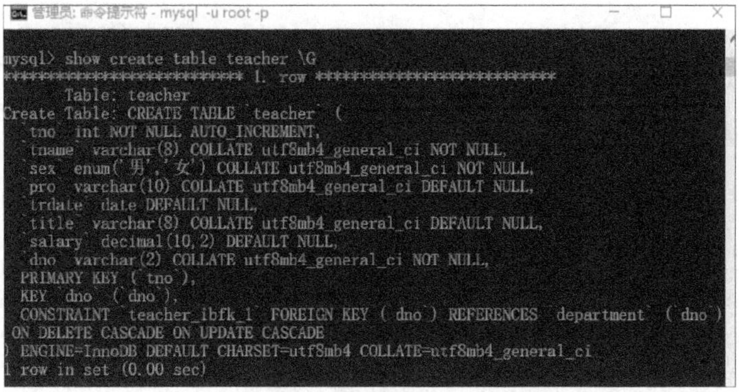

图 3 - 14　使用 SQL 语句添加字段的运行结果

(2) 修改字段长度

下面将学生成绩管理系统数据库 (student_score) 中教师 (teacher) 表的教师姓名 (tname) 字段长度修改为 20。

1) 使用 Navicat 图形化管理工具修改字段长度。

步骤 1：在 "Navicat Premium" 窗口中，依次打开 "hn" → "student_score"，在 "表" 节点的 "teacher" 上右击，选择 "设计表" 命令，打开 teacher 表的表结构设计窗口。

步骤 2：在 "tname" 字段的长度上单击，将长度修改为 20。

步骤 3：修改完成后，单击工具栏中的 "保存" 按钮即可。

2) 使用 SQL 语句修改字段长度。

在查询窗口中输入以下 SQL 语句，选中所输入语句，单击 "运行已选择的" 按钮，完成字段长度的修改，运行结果如图 3 - 15 所示。

```
ALTER TABLE teacher MODIFY tname VARCHAR(20)
```

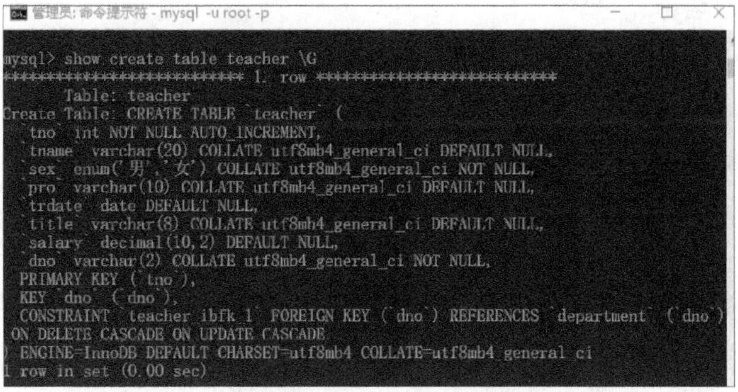

图 3 - 15　使用 SQL 语句修改字段长度的运行结果

（3）删除字段

下面删除学生成绩管理系统数据库（student_score）中教师（teacher）表的职称（pro）字段。

1）使用 Navicat 图形化管理工具删除字段。

步骤 1：在"Navicat Premium"窗口中，依次打开"hn"→"student_score"，在"表"节点的"teacher"上右击，选择"设计表"命令，打开 teacher 表的表结构设计窗口。

步骤 2：在 teacher 表的表结构设计窗口的"pro"字段上右击，在弹出的快捷菜单中选择"删除字段"命令。

步骤 3：删除完成后，单击工具栏中的"保存"按钮即可。

2）使用 SQL 语句删除字段。

在查询窗口中输入以下 SQL 语句，选中所输入语句，单击"运行已选择的"按钮，完成字段删除，运行结果如图 3 - 16 所示。

```
ALTER TABLE teacher DROP pro
```

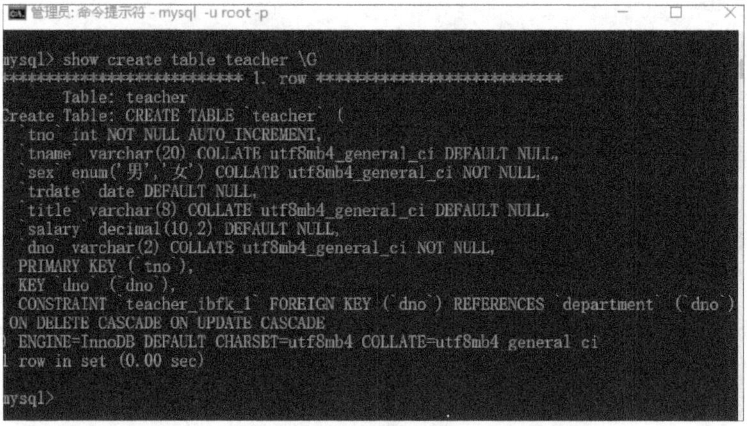

图 3 - 16 使用 SQL 语句删除字段的运行结果

（4）修改字段名称

下面将学生成绩管理系统数据库（student_score）教师（teacher）表中的 title 字段名修改为 ZhiCheng 字段名。

1）使用 Navicat 图形化管理工具修改字段名称。

步骤 1：在"Navicat Premium"窗口中，依次打开"hn"→"student_score"，在"表"节点的"teacher"上右击，选择"设计表"命令，打开 teacher 表的表结构设计窗口。

步骤 2：在 teacher 表的表结构设计窗口的"title"字段上单击，修改为 ZhiCheng，如图 3 -17所示。

步骤 3：修改完成后，单击工具栏中的"保存"按钮即可。

图 3 – 17　将"title"字段名修改为"ZhiCheng"

2）使用 SQL 语句修改字段名称。

在查询窗口中输入以下 SQL 语句，选中所输入语句，单击"运行已选择的"按钮，完成字段名称的修改，运行结果如图 3 – 18 所示。

```
ALTER TABLE teacher
    CHANGE title ZhiCheng VARCHAR(8)
```

图 3 – 18　使用 SQL 语句将"title"字段名改为"ZhiCheng"的运行结果

(5) 修改表名

下面将学生成绩管理系统数据库（student_score）中教师（teacher）表的表名修改为 teachers。

1) 使用 Navicat 图形化管理工具修改表名。

步骤 1：在"Navicat Premium"窗口中，依次打开"hn"→"student_score"，在"表"节点的"teacher"上右击，选择"重命名"命令，输入"teachers"。

步骤 2：修改完成后，按 < Enter > 键确认即可。

2) 使用 SQL 语句修改表名。

在查询窗口中输入以下 SQL 语句，选中所输入语句，单击"运行已选择的"按钮，完成表名修改，运行结果如图 3 - 19 所示。

```
ALTER TABLE teacher RENAME teachers
```

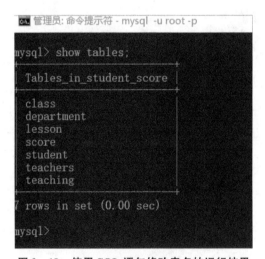

图 3 - 19　使用 SQL 语句修改表名的运行结果

(6) 修改列的排列位置

下面将学生成绩管理系统数据库（student_score）中教师（teachers）表的"trdate"字段移到"dno"字段前面。

1) 使用 Navicat 图形化管理工具修改列的排列位置。

步骤 1：在"Navicat Premium"窗口中，依次打开"hn"→"student_score"，在"表"节点的"teachers"上右击，选择"设计表"命令，打开 teachers 表的表结构设计窗口。

步骤 2：在 teachers 表的表结构设计窗口的"trdate"字段上右击，选择"下移"命令，直到其位于"dno"上面为止，如图 3 - 20 所示。

步骤 3：修改完成后，单击工具栏中的"保存"按钮即可。

2) 使用 SQL 语句修改列的排列位置。

在查询窗口中输入以下 SQL 语句，选中所输入语句，单击"运行已选择的"按钮，完成列的排列位置修改。

```
ALTER TABLE teachers MODIFY trdate date AFTER salary
```

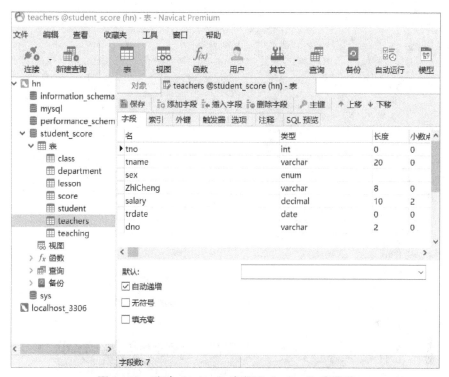

图 3 – 20　移动"trdate"字段至"salary"字段后

3. 非空约束

(1) 添加非空约束

下面为学生成绩管理系统数据库（student _ score）中教师（teachers）表的职称（ZhiCheng）字段添加非空约束。

1）使用 Navicat 图形化管理工具添加非空约束。

步骤 1：在"Navicat Premium"窗口中，依次打开"hn"→"student_score"，在"表"节点的"teacher"上右击，选择"设计表"命令，打开 teachers 表的表结构设计窗口。

步骤 2：选中 teachers 表的表结构设计窗口中的"ZhiCheng"字段，勾选"不是 null"复选框，如图 3 – 21 所示。

步骤 3：添加完成后，单击工具栏中的"保存"按钮即可。

2）使用 SQL 语句添加非空约束。

在查询窗口中输入以下 SQL 语句，选中所输入语句，单击"运行已选择的"按钮，完成非空约束的添加，运行结果如图 3 – 22 所示。

```
ALTER TABLE teachers MODIFY ZhiCheng VARCHAR(8)not NULL
```

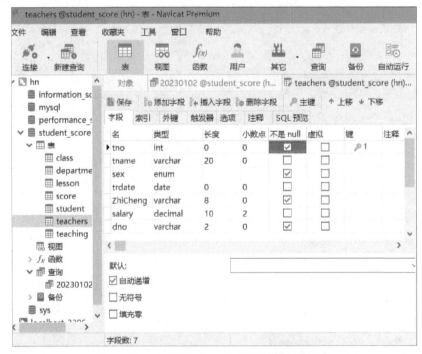

图 3 - 21　为"ZhiCheng"字段添加非空约束

图 3 - 22　为 teachers 表的"ZhiCheng"字段添加非空约束的运行结果

（2）删除非空约束

下面为学生成绩管理系统数据库（student_score）中教师（teachers）表的职称（ZhiCheng）字段删除非空约束。

1）使用 Navicat 图形化管理工具删除非空约束。

步骤 1：在"Navicat Premium"窗口中，依次打开"hn"→"student_score"，在"表"节点的"teacher"上右击，选择"设计表"命令，打开 teachers 表的表结构设计窗口。

步骤 2：选中 teachers 表的表结构设计窗口中的“ZhiCheng”字段，不勾选“不是 null”复选框，如图 3－23 所示。

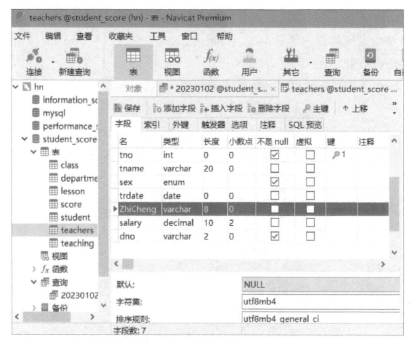

图 3－23　teachers 表中的“ZhiCheng”字段允许为空

步骤 3：修改完成后，单击工具栏中的“保存”按钮即可。

2）使用 SQL 语句删除非空约束。

在查询窗口中输入以下 SQL 语句，选中所输入语句，单击“运行已选择的”按钮，完成非空约束的删除，运行结果如图 3－24 所示。

```
ALTER TABLE teachers MODIFY ZhiCheng VARCHAR(8)
```

```
mysql> show create table teachers \G
*************************** 1. row ***************************
       Table: teachers
Create Table: CREATE TABLE `teachers` (
  `tno` int NOT NULL AUTO_INCREMENT,
  `tname` varchar(20) COLLATE utf8mb4_general_ci DEFAULT NULL,
  `sex` enum('男','女') COLLATE utf8mb4_general_ci NOT NULL,
  `trdate` date DEFAULT NULL,
  `ZhiCheng` varchar(8) COLLATE utf8mb4_general_ci DEFAULT NULL,
  `salary` decimal(10,2) DEFAULT NULL,
  `dno` varchar(2) COLLATE utf8mb4_general_ci NOT NULL,
  PRIMARY KEY (`tno`),
  KEY `dno` (`dno`),
  CONSTRAINT `teachers_ibfk_1` FOREIGN KEY (`dno`) REFERENCES `department` (`dno`) ON DELETE CASCADE ON UPDATE CASCADE
) ENGINE=InnoDB DEFAULT CHARSET=utf8mb4 COLLATE=utf8mb4_general_ci
1 row in set (0.00 sec)

mysql>
```

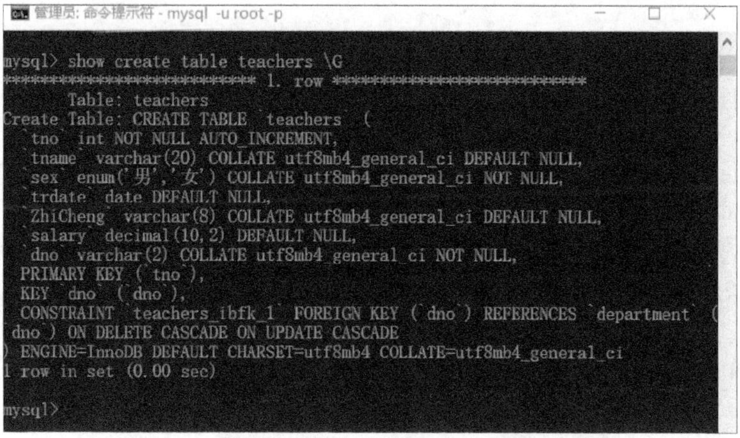

图 3－24　使用 SQL 语句删除非空约束的运行结果

4. 主键约束

（1）删除主键约束

下面删除学生成绩管理系统数据库（student_score）中教师（teachers）表的教师编号（tno）字段的主键约束。

1）使用 Navicat 图形化管理工具删除主键约束。

步骤1：在"Navicat Premium"窗口中，依次打开"hn"→"student_score"，在"表"节点的"teachers"上右击，选择"设计表"命令，打开 teachers 表的表结构设计窗口。

步骤2：选中 teachers 表的表结构设计窗口"tno"字段，不勾选"键"复选框，如图3-25所示。

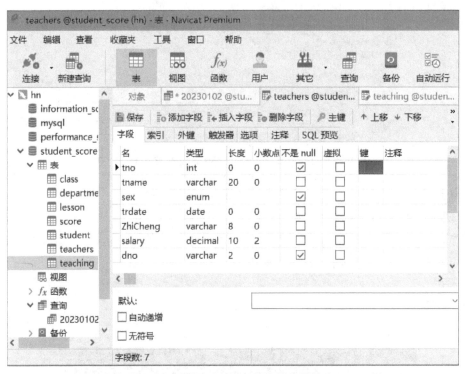

图3-25 删除 teachers 表中的主键约束

步骤3：修改完成后，单击工具栏中的"保存"按钮即可。

2）使用 SQL 语句删除主键约束。

在查询窗口中输入以下 SQL 语句，选中所输入语句，单击"运行已选择的"按钮，完成主键约束的删除，运行结果如图3-26所示。

```
ALTER TABLE teachers DROP PRIMARY KEY;
```

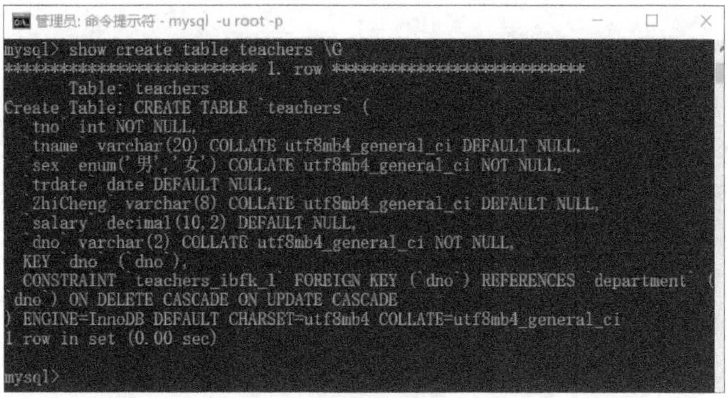

图 3 - 26　使用 SQL 语句删除主键约束的运行结果

✔ **说明**

要使 teachers 表主键 tno 的主键约束删除成功，必须先完成以下两步，否则主键约束删除失败。

①删除授课（teaching）表的 tno 字段的外键约束。

②取消 teachers 表字段 tno 的自动增长约束。

（2）添加主键约束

下面给学生成绩管理系统数据库（student_score）中教师（teachers）表的教师编号（tno）字段添加主键约束。

1）使用 Navicat 图形化管理工具添加主键约束。

步骤 1：在"Navicat Premium"窗口中，依次打开"hn"→"student_score"，在"表"节点的"teachers"上右击，选择"设计表"命令，打开 teachers 表的表结构设计窗口。

步骤 2：选中 teachers 表的表结构设计窗口"tno"字段，勾选"键"复选框，如图 3 - 27 所示。

步骤 3：添加完成后，单击工具栏中的"保存"按钮即可。

2）使用 SQL 语句添加主键约束。

在查询窗口中输入以下 SQL 语句，选中所输入语句，单击"运行已选择的"按钮，完成主键约束的添加。

```
ALTER TABLE teachers MODIFY tno int PRIMARY KEY;
```

或

```
ALTER TABLE teachers ADD PRIMARY KEY(tno);
```

或

```
ALTER TABLE teachers ADD CONSTRAINT PK_tno PRIMARY KEY(tno);
```

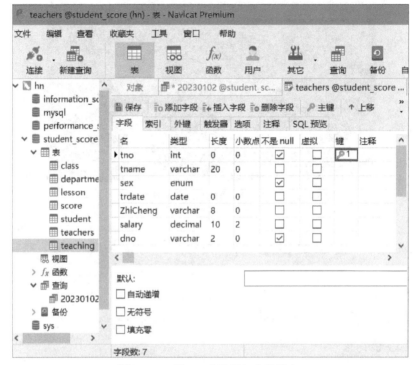

图 3 –27 给 tno 字段添加主键约束

5. 唯一约束

(1) 删除唯一约束

下面删除学生成绩管理系统数据库（student_score）中系部（department）表的系部名称（dname）字段的唯一约束。

1）使用 Navicat 图形化管理工具删除唯一约束。

步骤 1：在 "Navicat Premium" 窗口中，依次打开 "hn" → "student_score"，在 "表" 节点的 "department" 上右击，选择 "设计表" 命令，打开 department 表的表结构设计窗口。

步骤 2：在 department 表的表结构设计窗口中选择 "索引" 选项卡，在 "dname" 行右击，选择 "删除索引" 命令，如图 3 –28 所示。

步骤 3：删除完成后，单击工具栏中的 "保存" 按钮即可。

2）使用 SQL 语句删除唯一约束。

在查询窗口中输入以下 SQL 语句，选中所输入语句，单击 "运行已选择的" 按钮，完成唯一约束的删除，运行结果如图 3 –29 所示。

```
ALTER TABLE department DROP KEY dname;
```

或

```
ALTER TABLE department DROP INDEX dname;
```

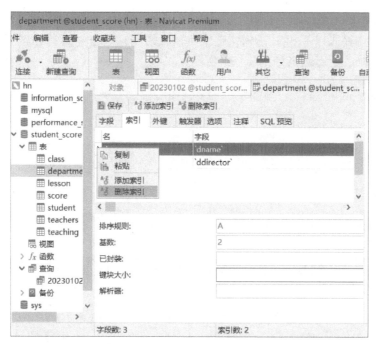

图 3 – 28 删除 department 表 "dname" 字段的唯一约束

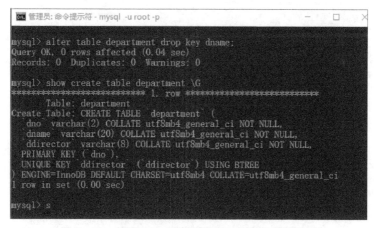

图 3 – 29 使用 SQL 语句删除唯一约束的运行结果

（2）添加唯一约束

下面为学生成绩管理系统数据库（student_score）中系部（department）表的系部名称（dname）字段添加唯一约束。

1）使用 Navicat 图形化管理工具添加唯一约束。

步骤 1：在 "Navicat Premium" 窗口中，依次打开 "hn" → "student_score"，在 "表" 节点的 "department" 上右击，选择 "设计表" 命令，打开 department 表的表结构设计窗口。

步骤 2：在 department 表的表结构设计窗口中选择 "索引" 选项卡，单击 "添加索引" 按钮，在新增的索引行中为 dname 添加唯一约束，如图 3 – 30 所示。

步骤 3：添加完成后，单击工具栏中的 "保存" 按钮即可。

2）使用 SQL 语句添加唯一约束。

在查询窗口中输入以下 SQL 语句，选中所输入语句，单击"运行已选择的"按钮，完成唯一约束的添加，运行结果如图 3 – 31 所示。

```
ALTER TABLE department MODIFY dname varchar(20)UNIQUE;
```

或

```
ALTER TABLE department ADD UNIQUE(dname);
```

或

```
ALTER TABLE department ADD CONSTRAINT UN_dname UNIQUE(dname);
```

图 3 – 30 为"dname"字段添加唯一约束

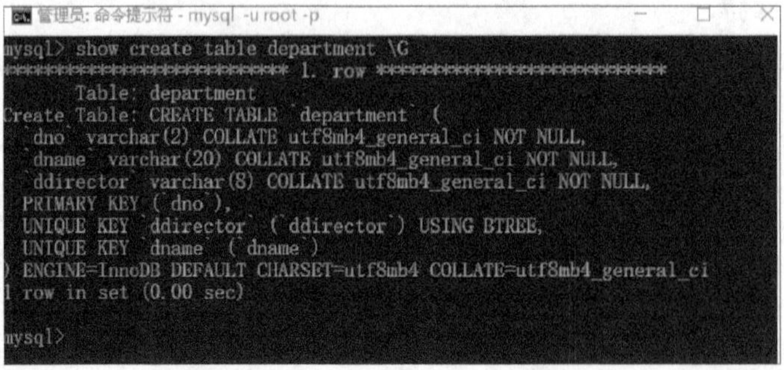

图 3 – 31 用 SQL 语句为"dname"字段添加唯一约束的运行结果

6. 默认值约束

（1）添加默认值约束

下面为学生成绩管理系统数据库（student_score）中课程（lesson）表的学分（credit）字段添加默认值约束，默认值为 3。

1）使用 Navicat 图形化管理工具添加默认值约束。

步骤 1：在"Navicat Premium"窗口中，依次打开"hn"→"student_score"，在"表"节点的"lesson"上右击，选择"设计表"命令，打开 lesson 表的表结构设计窗口。

步骤 2：在 lesson 表的表结构设计窗口中选择"credit"列，在下面属性列表的"默认"栏中输入 3，如图 3-32 所示。

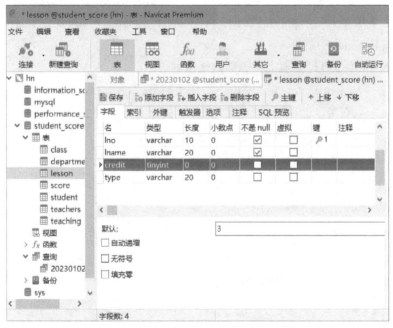

图 3-32　在 Navicat 中为"credit"列添加默认值约束

步骤 3：添加完成后，单击工具栏中的"保存"按钮即可。

2）使用 SQL 语句添加默认值约束。

在查询窗口中输入以下 SQL 语句，选中所输入语句，单击"运行已选择的"按钮，完成默认值约束的添加，运行结果如图 3-33 所示。

```
ALTER TABLE lesson MODIFY credit tinyint DEFAULT 3;
```

或

```
ALTER TABLE lesson ALTER COLUMN credit SET DEFAULT 3;
```

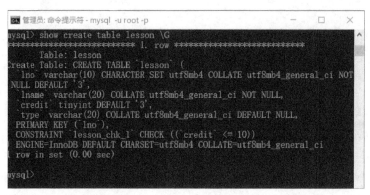

图 3-33　使用 SQL 语句为"credit"字段添加默认值约束的运行结果

(2) 删除默认值约束

下面删除学生成绩管理系统数据库 (student_score) 中课程 (lesson) 表的学分 (credit) 字段的默认值约束。

1) 使用 Navicat 图形化管理工具删除默认值约束。

步骤 1：在"Navicat Premium"窗口中，依次打开"hn"→"student_score"，在"表"节点的"lesson"上右击，选择"设计表"命令，打开 lesson 表的表结构设计窗口。

步骤 2：在 lesson 表的表结构设计窗口中选择"credit"列，删除下面属性列表中"默认"栏的值，如图 3-34 所示。

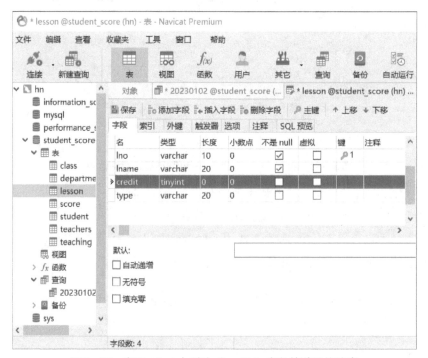

图 3-34　在 Navicat 中删除"credit"字段的默认值约束

步骤 3：删除完成后，单击工具栏中的"保存"按钮即可。

2）使用 SQL 语句删除默认值约束。

在查询窗口中输入以下 SQL 语句，选中所输入语句，单击"运行已选择的"按钮，完成默认值约束的删除，运行结果如图 3 – 35 所示。

```
ALTER TABLE lesson ALTER COLUMN credit DROP DEFAULT;
```

或

```
ALTER TABLE lesson MODIFY credit tinyint;
```

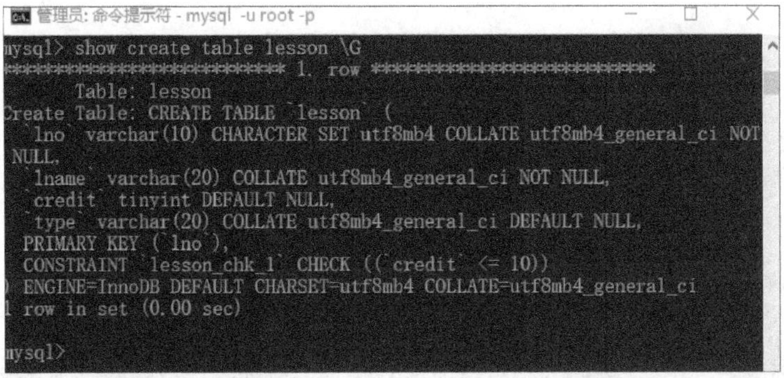

图 3 – 35　使用 SQL 语句为 "credit" 字段删除默认值约束的运行结果

7. 外键约束

（1）添加外键约束

下面为学生成绩管理系统数据库（student_score）中授课（teaching）表的课程编号（lno）字段添加外键约束。

1）使用 Navicat 图形化管理工具添加外键约束。

步骤 1：在"Navicat Premium"窗口中，依次打开"hn"→"student_score"，在"表"节点的"teaching"上右击，选择"设计表"命令，打开 teaching 表的表结构设计窗口。

步骤 2：在 teaching 表的表结构设计窗口中选择"外键"选项卡，分别设置字段、被引用的模式、被引用的表（父）、被引用的字段等属性，如图 3 – 36 所示。

步骤 3：添加完成后，单击工具栏中的"保存"按钮即可。

2）使用 SQL 语句添加外键约束。

在查询窗口中输入以下 SQL 语句，选中所输入语句，单击"运行已选择的"按钮，完成外键约束的添加，运行结果如图 3 – 37 所示。

```
ALTER TABLE teaching
ADD CONSTRAINT FK_lno FOREIGN KEY(lno)REFERENCES lesson(lno);
```

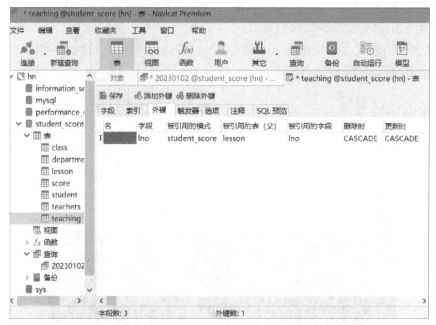

图 3-36 在 Navicat 中为 teaching 表的 "lno" 字段添加外键约束

```
mysql> show create table teaching \G
*************************** 1. row ***************************
       Table: teaching
Create Table: CREATE TABLE  teaching  (
  lno  varchar(10) COLLATE utf8mb4_general_ci NOT NULL,
  tno  int NOT NULL,
  semester  varchar(20) COLLATE utf8mb4_general_ci DEFAULT NULL,
 PRIMARY KEY ( lno , tno ),
 CONSTRAINT  teaching_ibfk_1  FOREIGN KEY ( lno ) REFERENCES  lesson  (
 lno ) ON DELETE CASCADE ON UPDATE CASCADE
) ENGINE=InnoDB DEFAULT CHARSET=utf8mb4 COLLATE=utf8mb4_general_ci
1 row in set (0.00 sec)

mysql>
```

图 3-37 使用 SQL 语句为 teaching 表的 "lno" 字段添加外键约束的运行结果

（2）删除外键约束

下面删除学生成绩管理系统数据库（student_score）中授课（teaching）表的课程编号（lno）字段的外键约束。

1）使用 Navicat 图形化管理工具删除外键约束。

步骤1：在 "Navicat Premium" 窗口中，依次打开 "hn" → "student_score"，在 "表" 节点的 "teaching" 上右击，选择 "设计表" 命令，打开 teaching 表的表结构设计窗口。

步骤2：在 teaching 表的表结构设计窗口中选择 "外键" 选项卡，右击 "lno" 字段，在弹出的快捷菜单中选择 "删除外键" 命令，如图 3-38 所示。

图 3 – 38 在 Navicat 中删除 teaching 表的"lno"字段的外键约束

步骤 3：删除完成后，单击工具栏中的"保存"按钮即可。

2）使用 SQL 语句删除外键约束。

在查询窗口中输入以下 SQL 语句，选中所输入语句，单击"运行已选择的"按钮，完成外键约束的删除，运行结果如图 3 – 39 所示。

```sql
ALTER TABLE teaching DROP FOREIGN KEY teaching_ibfk_1;
```

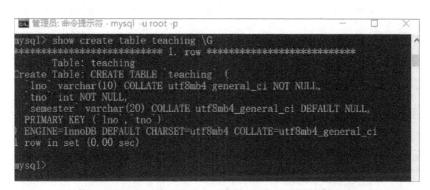

图 3 – 39 使用 SQL 语句删除 teaching 表的"lno"字段外键约束的运行结果

✔ 说明

在创建外键约束时，如果没有指定外键约束名，那么系统会自动为其创建约束名，查看约束名可使用"SHOW CREATE TABLE teaching \ G"命令。

任务 3　删除学生成绩管理系统数据库中的表

【任务描述】

在 MySQL 数据库中，对于不再需要的数据表，可以将其从数据库中删除。

在删除表的同时，表的结构和表中所有的数据都会被删除，因此在删除数据表之前最好先备份，以免造成无法挽回的损失。

【知识准备】

1. 删除没有其他关联的数据表

如果一个数据表与其他表不存在关联关系，即删除该表对其他表没有影响，则可以借助 DROP TABLE 语句。语法格式如下：

DROP TABLE [IF EXSITS] 表 1 [,表 2,··,表 n]；

✔ **说明**

1）表 n：要删除的表的名称，可以同时删除多个表，多个表之间用逗号"，"分隔。
2）删除的表必须是存在的，否则会出错。

2. 删除有其他关联的主表

在数据表之间存在外键关联的情况下，如果直接删除父表，那么会显示失败，原因是直接删除将破坏表的参照完整性。如果必须要删除，则可以先删除与它关联的子表，再删除父表。有些情况可能要保留子表，这时若要单独删除父表，只需将关联的表的外键约束条件取消，就可以删除父表了。

【任务实施】

1. 使用图形化管理工具删除数据表

这里以删除授课（teaching）表为例，因为此表并未与其他表进行关联。

步骤 1：在"Navicat Premium"窗口中，依次打开"hn"→"student_score"，在"表"节点的"teaching"上右击，选择"删除表"命令，会弹出"确认删除"对话框。

步骤 2：单击"删除"按钮，删除 teaching 表。

2. 使用 SQL 语句删除数据表

这里以删除系部（department）表为例，因为此表主键系部编号（dno）是班级（class）表系部编号（dno）的外键。

步骤 1：在工具栏中单击"新建查询"按钮，打开一个空白的.sql 文件，在窗口中输入以下 SQL 语句。选中所输入的语句，单击"运行已选择的"按钮，删除班级（class）表系部编号（dno）的外键约束。

```
ALTER TABLE class DROP FOREIGN KEY dno;
```

步骤2：输入以下 SQL 语句，选中所输入语句，单击"运行已选择的"按钮，删除系部（department）表。

```
DROP TABLE department
```

课后练习

1. 参考表3-8所示的表结构，使用 Navicat 图形化管理工具创建部门（departments）表。

表3-8 部门（departments）表结构

字段名称	字段命名	数据类型	说明
部门编号	bno	varchar（4）	主键
部门名称	bname	varchar（20）	非空，唯一
部门负责人	manager	varchar（20）	非空

2. 参考表3-9所示的表结构，使用 SQL 语句创建职工（employees）表。

表3-9 职工（employees）表结构

字段名称	字段命名	数据类型	说明
职工编号	eno	varchar（10）	主键
职工名称	ename	varchar（20）	非空，唯一
性别	sex	varchar（20）	默认为男
出生日期	birthday	date	非空
是否在职	worked	tinyint（1）	1：在职；0：不在职
所属部门	bno	varchar（4）	外键，与部门表的"部门编号"关联

3. 参考表3-10所示表的结构，使用 SQL 语句创建职工工资（salary）表。

表3-10 职工工资（salary）表结构

字段名称	字段命名	数据类型	说明
职工编号	eno	varchar（10）	主键
月份	month	varchar（12）	格式为202201，表示2022年1月，非空
基本工资	base	numeric（12，2）	非空
绩效工资	meritpay	numeric（12，2）	—
社会保险	shebao	numeric（12，2）	—
个人所得税	geshui	numeric（12，2）	—
实发工资	salary	numeric（20，2）	—

项目 4 ▶ 学生成绩管理系统中数据的操作

知识目标

- 掌握使用图形化管理工具添加、修改和删除数据。
- 掌握使用 SQL 语句添加、修改和删除数据。
- 掌握使用图形化管理工具实现数据的导入与导出操作。

能力目标

- 能在 Navicat 中实现表中数据的添加、修改和删除操作。
- 能使用 SQL 语句实现表中数据的添加、修改和删除操作。
- 能独立进行各种数据的导入和导出操作。

任务 1 使用图形化管理工具添加、修改和删除数据

【任务描述】

学生成绩管理系统数据库和数据表都已创建完成,即具备了向表中填充数据及管理数据的条件。本任务主要介绍在 Navicat 中对数据进行管理。

【知识准备】

1. 数据管理的概念

数据表是用来保存数据的,因此,对数据表的访问其实也就是对数据的访问。经过前面项目的操作,目前的所有数据表都是空表,没有任何记录。

✔ **注意**

1)数据和要插入值的字段一一对应。

2)给部分字段添加数据,表里未赋值的字段必须允许为空,自动增长的字段不能添加数据。

3)只有插入全部字段的数据(自动增长字段不用写),才能省略表名后面的字段列表。

96

2. 表数据示例

系部（department）表、班级（class）表、教师（teachers）表中的数据如表 4 – 1～表 4 – 3 所示。

表 4 – 1　系部（department）表中的数据

dno	dname	ddirector
01	汽车工程系	李刚
02	机械工程系	徐明
03	经济贸易系	曾进
04	信息工程系	兰田

表 4 – 2　班级（class）表中的数据

cno	cname	cdirector	dno
JiZhi2101	机制 2101 班	张伟	02
KuaiJi2101	会计 2101 班	李杰志	03
KuaiJi2102	会计 2102 班	陈艳荣	03
QiWei2101	汽车维修 2101 班	徐小琴	01
Soft2101	软件 2101 班	谭美丽	04
Soft2102	软件 2102 班	向天明	04

表 4 – 3　教师（teachers）表中的数据

tno	tname	sex	trdate	ZhiCheng	salary	dno
10010	田荣贵	男	2000 – 09 – 04	副教授	7000	03
10011	王丽	女	2015 – 05 – 02	讲师	5000	04
10012	李林	男	2010 – 03 – 15	副教授	5520	01
10013	孟湘刚	男	2002 – 12 – 10	教授	8000	02
10014	李高定	男	2021 – 10 – 25	讲师	4000	02
10015	杨英	女	2001 – 09 – 14	副教授	6000	03

【任务实施】

1. 添加数据

（1）给系部（department）表添加数据

步骤 1：在 "Navicat Premium" 窗口中，依次打开 "hn" → "student_score" → "表"，在 "department" 上右击，选择 "打开表" 命令，会弹出一个表数据管理窗口。

步骤 2：在表数据管理窗口中输入表 4 – 1 所示的数据。通过界面下面的按钮可分别实现记录的添加、删除、确认与取消操作，如图 4 – 1 所示。

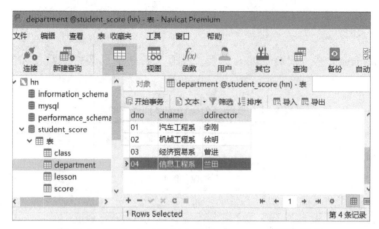

图 4-1　在 Navicat 窗口中给 department 表添加数据

（2）给班级（class）表添加数据

步骤 1：在"Navicat Premium"窗口中，依次打开"hn"→"student_score"→"表"，在"class"上右击，选择"打开表"命令，会弹出一个表数据管理窗口。

步骤 2：在表数据管理窗口中输入表 4-2 所示的数据。通过界面下面的按钮可分别实现记录的添加、删除、确认与取消操作，如图 4-2 所示。

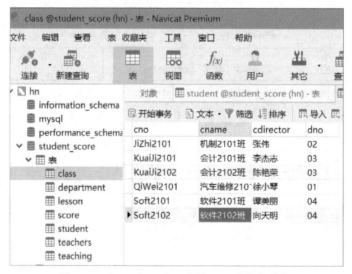

图 4-2　在 Navicat 窗口中给 class 表添加数据

（3）给教师（teachers）表添加数据

步骤 1：在"Navicat Premium"窗口中，依次打开"hn"→"student_score"→"表"，在"teachers"上右击，选择"打开表"命令，会弹出一个表数据管理窗口。

步骤 2：在表数据管理窗口中输入表 4-3 所示的数据。通过界面下面的按钮分别实现记录的添加、删除、确认与取消操作，如图 4-3 所示。

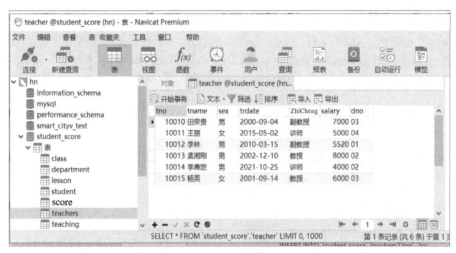

图 4-3　在 Navicat 窗口中给 teachers 表添加数据

2. 修改数据

将 teachers 表中杨英的职称（ZhiCheng）值由副教授改为教授。

步骤 1：在"Navicat Premium"窗口中，依次打开"hn"→"student_score"→"表"，在"teachers"上右击，选择"打开表"命令，会弹出一个表数据管理窗口。

步骤 2：在表数据管理窗口中找到 tname 为"杨英"的记录行，选中"ZhiCheng"字段，将值改为"教授"，如图 4-4 所示。

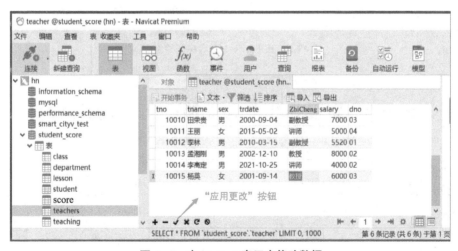

图 4-4　在 Navicat 窗口中修改数据

步骤 3：修改完成后，单击"应用更改"按钮，或按 < Ctrl + S > 组合键，保存确认。

3. 删除数据

删除 teachers 表中"杨英"所在行的记录。

步骤1：在"Navicat Premium"窗口中，依次打开"hn"→"student_score"→"表"，在"teachers"上右击，选择"打开表"命令，会弹出一个表数据管理窗口。

步骤2：在表数据管理窗口中找到tname为"杨英"的记录行并右击，选择"删除记录"命令，即可将其删除，如图4-5所示。

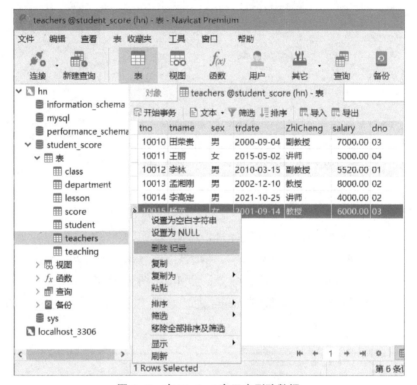

图4-5 在 Navicat 窗口中删除数据

任务2 使用 SQL 语句添加、修改和删除数据

【任务描述】

本任务主要介绍利用 SQL 语句对课程（lesson）表、授课（teaching）表进行添加、修改和删除数据等操作。

【知识准备】

1. 使用 SQL 语句添加数据

用户可以使用 INSERT 语句向已创建好的数据表中添加数据，也可以将现有表中的数据添加到新创建的表中。向已经创建好的数据表中插入记录时可以一次插入一条，也可以一次插入多条。在插入时需要注意插入的数据必须符合各个字段的数据类型。

使用 INSERT 语句插入数据的语法格式如下：

```
INSERT [INTO] <表名> [ ( <列名 1> [ , … <列名 n>])]
     VALUES (值 1)[…, (值 n)]
```

✅ **说明**

1）表名：将要插入数据记录的表的名称。

2）INTO：可选项。

3）列名：要插入值的字段名称。如果是多列，则各列名之间用逗号“,”分隔。若为表中的所有字段添加值，则列名可以省略。

4）值：要插入的数据值。字段有多少个，值就要有多少个，且值与列的顺序要对应，否则会报错。

2. 使用 SQL 语句修改数据

在数据表中插入数据后，有时需要对一条或多条数据进行修改。

使用 UPDATE 语句插入数据的语法格式如下：

```
UPDATE <表名> SET 字段 1 = 值 1 [ ,字段 2 = 值 2…] [WHERE 子句 ];
```

✅ **说明**

1）表名：将要插入数据记录的表的名称。

2）字段：将要修改值的字段名。

3）值：该字段的新值。

4）WHERE 子句：可选项，表示对满足条件的记录进行修改。如果没有 WHERE 子句，则表示修改表中的全部记录。

3. 使用 SQL 语句删除数据

数据库中的数据经常变化，有时需要将无用的数据删除。注意：数据删除是不可逆的操作，因此在删除时一定要特别小心。

使用 DELETE 语句删除数据的语法格式如下：

```
DELETE FROM <表名>[WHERE 子句];
```

✅ **说明**

1）表名：将要删除数据记录的表的名称。

2）WHERE 子句：可选项，表示删除满足条件的记录。如果没有 WHERE 子句，则表示删除表中的所有记录。

4. 表数据示例

学生（student）表、课程（lesson）表、授课（teaching）表、成绩（score）表中的数据如表4-4~表4-7所示。

表4-4 学生（student）表中的数据

sno	sname	gender	birth	srdate	address	phone	cno
20211001	黄明	男	2004-05-13	2021-09-03	湖南长沙	15648547854	Soft2101
20211002	邓杨	女	2002-12-25	2021-09-03	江西九江	17896544258	Soft2102
20211003	李林	男	2004-03-15	2021-09-03	湖南常德	18965425625	Soft2102
20211004	雷显明	女	2003-12-10	2021-09-03	贵州贵阳	19852455632	JiZhi2101
20211005	龙军志	男	2003-10-25	2021-09-03	湖南长沙	18852563256	JiZhi2101
20211006	许世琴	女	2002-04-18	2021-09-03	湖南娄底	17485265489	KuaiJi2101
20211007	杨亚荣	女	2002-06-17	2021-09-03	湖南岳阳	13589654524	KuaiJi2102
20211008	车浩	男	2002-08-24	2021-09-03	湖南益阳	17852456523	KuaiJi2102
20211009	李宗元	男	2002-09-26	2021-09-03	湖南郴州	19658524586	QiWei2101
20211010	周小华	男	2002-07-23	2021-09-03	湖南湘西	15836521254	QiWei2101

表4-5 课程（lesson）表中的数据

lno	lname	credit	type
Le0001	计算机原理	3	必修课
Le0002	机械制图	4	必修课
Le0003	Photoshop 图形制作	4	必修课
Le0004	信息技术	3	选修课
Le0005	营销技巧	3	选修课
Le0006	英语	3	必修课

表4-6 授课（teaching）表中的数据

lno	tno	semester
Le0001	10010	2021 年下学期
Le0002	10012	2022 年上学期
Le0003	10011	2022 年上学期
Le0004	10014	2021 年下学期
Le0005	10015	2022 年下学期
Le0006	10013	2022 年下学期

表 4-7　成绩（score）表中的数据

sno	lno	score
20211001	Le0003	96
20211001	Le0004	85
20211002	Le0003	86
20211002	Le0006	85
20211003	Le0003	100
20211003	Le0006	90
20211003	Le0001	95
20211004	Le0002	75
20211005	Le0002	80
20211006	Le0005	67
20211006	Le0004	85
20211007	Le0005	90
20211008	Le0006	84
20211008	Le0005	92
20211009	Le0004	86
20211009	Le0005	90
20211010	Le0006	87

【任务实施】

1. 添加数据

（1）给课程（lesson）表添加数据

1）插入一条记录。

步骤 1：在工具栏上单击"新建查询"按钮，打开一个空白的 .sql 文件，输入以下 SQL 语句。

```
INSERT lesson(lno,lname,credit,type)
    VALUES('Le0001','计算机原理',3,'必修课')
```

或

```
INSERT lesson
    VALUES('Le0001','计算机原理',3,'必修课')
```

步骤 2：选中以上语句，单击"运行已选择的"按钮，执行 SQL 语句，记录添加成功，运行结果如图 4-6 所示。

2）插入带默认值的记录。

在前面的操作中，已给字段 credit 添加了默认值 3。

步骤 1：在查询页面中输入以下 SQL 语句。

```
INSERT lesson(lno,lname,type)
    VALUES('Le0002','机械制图','必修课')
```

步骤2：选中以上语句，单击"运行已选择的"按钮，执行 SQL 语句，记录添加成功，运行结果如图4-7所示。

✔ 说明

若某字段有默认值，在插入数据时可以不用给字段添加值，使用默认值。

图4-6　在 lesson 表中插入一条记录

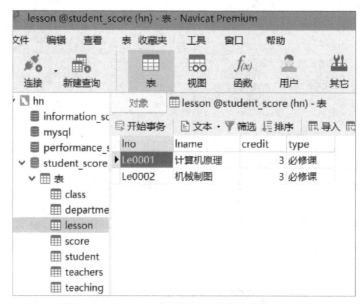

图4-7　在 lesson 表中插入一条带默认值的记录

3）插入多条数据。

下面将表 4 - 5 中剩余的数据全部添加到 lesson 表中。

步骤 1：在查询页面中输入以下 SQL 语句。

```
INSERT lesson(lno,lname,credit,type)
  VALUES('Le0003','Photoshop 图形制作',4,'必修课'),
        ('Le0004','信息技术',3,'选修课'),
        ('Le0005','营销技巧',3,'选修课'),
        ('Le0006','英语',3,'必修课')
```

步骤 2：选中以上语句，单击"运行已选择的"按钮，执行 SQL 语句，记录添加成功，运行结果如图 4 - 8 所示。

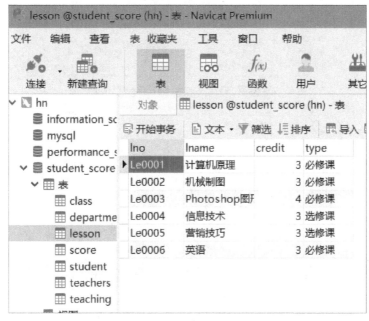

图 4 - 8　在 lesson 表中一次插入多条数据

（2）给授课（teaching）表添加数据

步骤 1：参考表 4 - 6，在查询页面中输入以下 SQL 语句。

```
INSERT teaching
  VALUES('Le0001','10010','2021 年下学期'),
        ('Le0002','10012','2022 年上学期'),
        ('Le0003','10011','2022 年上学期'),
        ('Le0004','10014','2021 年下学期'),
        ('Le0005','10015','2022 年下学期'),
        ('Le0006','10013','2022 年下学期')
```

步骤2：选中以上语句，单击"运行已选择的"按钮，执行 SQL 语句，记录添加成功，运行结果如图 4 – 9 所示。

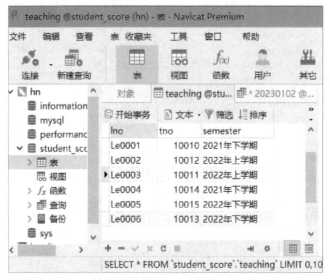

图 4 – 9　使用 SQL 语句给 teaching 表添加数据

2. 修改数据

下面将课程（lesson）表中机械制图的学分（credit）由 3 改为 4。

步骤1：在查询页面中输入以下 SQL 语句。

```
UPDATE lesson SET credit = 4 WHERE lname = '机械制图'
```

步骤2：选中以上语句，单击"运行已选择的"按钮，执行 SQL 语句，记录修改成功，运行结果如图 4 – 10 所示。

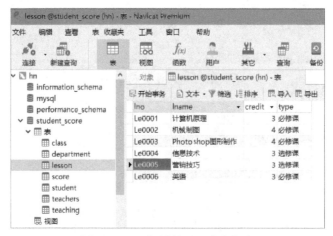

图 4 – 10　"机械制图"学分修改

3. 删除数据

（1）删除一条记录

下面删除 student_score 数据库课程（lesson）表中课程名称（lname）为英语的记录。
步骤 1：在查询页面中输入以下 SQL 语句。

```
DELETE FROM lesson WHERE lname = '英语'
```

步骤 2：选中以上语句，单击"运行已选择的"按钮，执行 SQL 语句，记录删除成功。

（2）删除所有记录

下面删除 student_score 数据库课程（lesson）表中的所有记录。
步骤 1：在查询页面中输入以下 SQL 语句。

```
DELETE FROM 'lesson'
```

步骤 2：选中以上语句，单击"运行已选择的"按钮，执行 SQL 语句，记录删除成功。

任务 3　数据的导入和导出

【任务描述】
　　MySQL 中数据库的导出和导入是将数据从一个地方移动到另一个地方的过程。本任务主要介绍在 Navicat 中实现数据的导入与导出操作。

【知识准备】
　　在有些情况下，需要将 MySQL 数据库中的数据导出到外部存储文件中，MySQL 数据库中的数据可以导出并生成 . sql 文本文件、. xml 文件或 . html 文件等。同样，这些导出文件也可以导入 MySQL 数据库中。
　　使用数据的导入/导出功能可以实现不同数据平台间数据的共享，导入/导出不仅可以完成数据库和文件格式的转换，还可以实现不同数据库之间数据的传输。

【任务实施】

1. 数据导出

下面将 student_score 数据库中学生（student）表的数据导出为 . sql 文件。
步骤 1：在"Navicat Premium"窗口中，依次打开"hn"→"student_score"→"表"，在"表"节点上右击，选择"导出向导"命令，如图 4-11 所示。

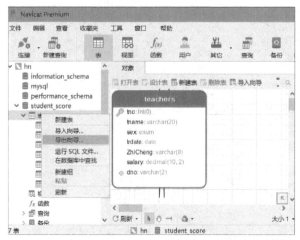

图 4-11 选择"导出向导"命令

步骤 2：在导出向导对话框中选择导出格式为"文本文件（*.txt)"，单击"下一步"按钮，如图 4-12 所示。

图 4-12 选择导出格式

步骤 3：在新弹出的界面中选择需要导出数据的数据表，本任务需要导出 student 表，因此勾选 student 表前的复选框，"导出到"列中会显示此表数据的 SQL 文件保存路径，单击后面的"…"按钮可以更改路径，单击"下一步"按钮，如图 4-13 所示。

图 4-13 选择数据表及 SQL 文件保存路径

步骤 4：在新弹出的界面中选择需要导出的字段，默认为全部字段，单击"下一步"按钮，如图 4 - 14 所示。

图 4 - 14　选择需要导出的字段

步骤 5：在新弹出的界面中选择附加选项，这里选择默认项，单击"下一步"按钮，如图 4 - 15 所示。

图 4 - 15　选择附加选项

步骤 6：在弹出的界面中单击"开始"按钮，系统开始自动导出数据，如图 4 - 16 所示，单击"关闭"按钮，数据导出完成。

图 4 - 16　数据导出

2. 数据导入

下面删除 student_score 数据库学生（student）表中的所有数据，将前面导出的 .sql 文件数据导入 student 表中。

步骤 1：在"Navicat Premium"窗口中，依次打开"hn"→"student_score"→"表"，在"表"节点上右击，选择"导入向导"命令，如图 4-17 所示。

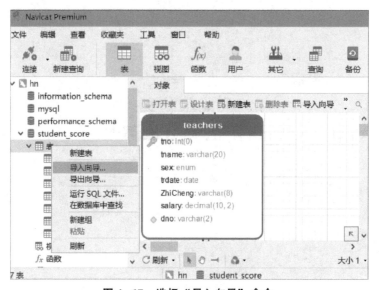

图 4-17 选择"导入向导"命令

步骤 2：在新界面的导入类型中选择"文本文件（*.txt）"，单击"下一步"按钮，如图 4-18 所示。

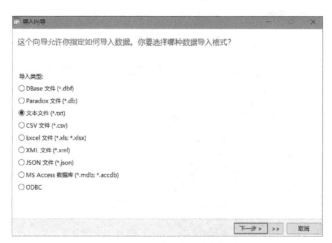

图 4-18 选择导入类型

步骤 3：在新界面中选择需导入的数据源，如图 4-19 所示，单击"下一步"按钮。

图 4-19　选择需导入的数据源

步骤 4：在新界面中选择分隔符，这里选择默认值，如图 4-20 所示，单击"下一步"按钮。

图 4-20　选择分隔符

步骤 5：在新界面中为源定义附加选项，这里使用默认值，如图 4-21 所示，单击"下一步"按钮。

图 4-21　源定义附加选项

步骤6：在选择目标表界面中取消选择"新建表"复选框，如图4-22所示，单击"下一步"按钮。

图4-22 选择目标表

步骤7：在字段映射界面中定义字段映射，这里使用默认值，如图4-23所示，单击"下一步"按钮。

图4-23 定义字段映射

步骤8：在新弹出的界面中选择导入模式，单击"下一步"按钮。

步骤9：在新弹出的界面中单击"开始"按钮，导入数据，如图4-24所示。完成后单击"关闭"按钮，导入数据完成。

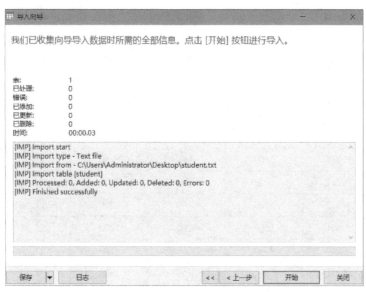

图 4-24　数据导入

课后练习

1. 使用 Navicat 图形化管理工具向部门 (departments) 表添加数据, 数据如表 4-8 所示。

表 4-8　departments 表中的数据

bno	bname	manager
B001	财务处	王中华
B002	维修部	唐杰洛
B003	销售部	李哲
B004	采购部	王艺平

2. 使用 SQL 语句向职工 (employees) 表添加数据, 数据如表 4-9 所示。

表 4-9　employees 表中的数据

eno	ename	sex	birthday	worked	bno
E0001	陈华建	男	1985-06-04	1	B001
E0002	李丽	女	1999-05-08	1	B001
E0003	王华	男	1968-07-12	0	B002
E0004	蒋业平	男	1975-12-18	1	B002
E0005	田甜	女	1970-05-23	1	B003
E0006	李晓	女	1983-11-19	1	B004
E0007	孙建	男	1998-04-26	1	B004

3. 使用 SQL 语句向职工工资（salary）表添加数据，数据如表 4 – 10 所示。

表 4 – 10　salary 表中的数据

eno	month	base	meritpay	shebao	geshui	salary
E0001	202209	7000	3000	1200	22.3	
E0001	202210	7000	2560	1000	22.3	
E0001	202211	7000	3450	1200	25.65	
E0001	202212	7000	4000	1250	23.51	
E0002	202211	5000	3000	1000	23.56	
E0002	202212	5000	5000	1200	21.36	
E0002	202301	5000	4000	1200	25.36	
E0003	202210	8000	3250	1200	23.32	
E0003	202211	8000	3156	1560	32.12	
E0003	202212	8000	2561	1521	30.25	
E0003	202301	8000	2781	1230	33.26	
E0004	202211	8500	1520	1420	31.62	
E0004	202212	8500	600	1256	35.21	
E0004	202301	8500	2530	2310	23.65	
E0005	202211	8500	1245	1254	22.53	
E0005	202212	8500	1236	1203	31.45	
E0006	202212	7240	2563	1302	34.20	
E0006	202301	7240	1452	1120	32.15	
E0007	202301	6500	3252	1130	33.26	

4. 添加完所有数据后，将以上 3 个题目中的数据导出到本地磁盘。

项目 5 ▶ 检索学生成绩管理系统中的数据

任务 1　使用简单查询语句进行单表数据的检索

【任务描述】

学生成绩管理系统可提供数据查询服务。本任务将按照学工处的数据查询要求为相关师生提供学生基本信息查询服务。

【知识准备】

1. SELECT 语句概述

数据库管理系统的一个非常重要的功能就是数据查询。查询数据是指从数据库中根据需求、使用不同的查询方式来获取不同的数据，是使用频率非常高的重要操作。

数据查询不只是简单地查询数据库中存储的数据，还可以根据需要对数据进行筛选，以及确定数据的格式显示。

MySQL 提供了功能强大、灵活的语句来实现这些操作。可以使用 SELECT 语句从表或者视图中查询数据。SELECT 语句的结果称为结果集，它是行列表，每行由相同数量的列组成。

2. SELECT 语句的语法

SELECT 的语法格式如下：

```
SELECT
{ * | <字段列名>}
[
FROM <表1>, <表2>…
[WHERE <表达式>
[GROUP BY <group by definition>
[HAVING <expression> [{ <operator> <expression>}…]]
[ORDER BY <order by definition>]
[LIMIT[ <offset>,] <row count>]
]
```

✔ **说明**

1）{ * | <字段列名>}：包含星号通配符的字段列表，表示所要查询字段的名称。

2）<表1>和<表2>：表1和表2表示查询数据的来源，可以是单个或多个。

3）WHERE <表达式>：可选项，如果选择该项，则将限定查询数据必须满足该查询条件。

4）GROUP BY <字段>：该子句告诉 MySQL 如何显示查询出来的数据，并按照指定的字段分组。

5）[ORDER BY <字段>]：该子句告诉 MySQL 按什么样的顺序显示查询出来的数据，可以进行的排序有升序（ASC）和降序（DESC），默认情况下是升序。

6）[LIMIT [<offset>,] <row count>]：该子句告诉 MySQL 每次显示查询出来的数据条数。

3. 简单查询语句

（1）查询表中的所有列

查询表中所有列的数据，语法如下：

```
SELECT * FROM 表名;
```

✔ **说明**

1） *：能匹配表中的所有字段名，即查询了表中的所有列。

2）表名：查询数据的来源，指数据库中的表或者视图。

（2）查询表中的指定列

查询表中多个字段中的数据，语法如下：

```
SELECT 字段 1,字段 2 …FROM 表名;
```

说明

字段 1，字段 2…：字段名要与表中的字段名一致。字段之间用英文逗号隔开。

（3）给表中的字段名指定别名

如果要使查询的结果中显示的名字与原表中的字段名（英文）不一样，如用中文显示，则可以通过给列指定别名实现。语法如下：

```
SELECT 字段 1 AS 别名,字段 2 AS 别名 …FROM 表名;
```

说明

别名：需要用引号引用。

注意

AS 关键字可以省略。省略后需要将字段名和别名用空格隔开。

（4）计算列值

查询结果中可以输出对列计算后的值，即 SELECT 后面可以使用表达式。表达式可以是 MySQL 支持的任何运算表达式，语法如下：

```
SELECT 表达式;
```

利用 SELECT 语句可以进行如下运算：
SELECT 1 = 1；
SELECT 3 > 2；
表达式中有表中的字段参与运算，语法如下：

```
SELECT 字段参与的表达式 FROM 表名;
```

说明

字段参与的表达式：字段可以直接参与运算。

（5）消除重复数据

DISTINCT 关键字的主要作用就是对数据表中一个或多个字段重复的数据进行过滤，只返回其中的一条数据，语法如下：

SELECT DISTINCT <字段名 > FROM <表名 >;

✔ **说明**

字段名：为需要消除重复记录的字段名称，有多个字段时用逗号隔开。

【任务实施】

1. 查询表中的所有列

下面从学生（student）表中查询所有学生的信息。

步骤 1：在工具栏上单击"新建查询"按钮，打开一个空白的.sql 文件，输入以下 SQL 语句。

```
SELECT *
FROM student;
```

或

```
SELECT sno,sname,gender,birth,srdate,address,phone,cno
FROM student;
```

步骤 2：选中以上语句，单击"运行已选择的"按钮，执行 SQL 语句，运行结果如图 5–1所示。

图 5–1　查询学生基本信息

✔ **注意**

1）使用"*"查询表中的所有数据，查询结果的字段顺序与表中的字段顺序一致。

2）SELECT 子句指定表中的所有字段，也能实现查询表中的所有列。查询结果的字段顺序与 SELECT 子句字段的顺序一致。

2. 查询表中的指定列

下面从学生（student）表中查询学生的 sno、sname、gender。

步骤 1：在工具栏上单击"新建查询"按钮，打开一个空白的 .sql 文件，输入以下 SQL 语句：

```
SELECT sno,sname,gender
FROM student;
```

步骤 2：选中以上语句，单击"运行已选择的"按钮，执行 SQL 语句，运行结果如图 5-2 所示。

图 5-2　查询学生的学号、姓名和性别

3. 给表中的字段名指定别名

下面从学生（student）表中查询学生的 sno、sname、gender，查询结果中要显示别名学号、姓名和性别。

步骤 1：在工具栏上单击"新建查询"按钮，打开一个空白的 .sql 文件，输入以下 SQL 语句。

```
SELECT sno AS '学号',sname AS '姓名',gender AS '性别'
FROM student;
```

或

```
SELECT sno  '学号',sname  '姓名',gender  '性别'
FROM student;
```

步骤 2：选中以上语句，单击"运行已选择的"按钮，执行 SQL 语句，运行结果如图 5-3 所示。

图 5-3　查询结果字段名用别名显示

4. 计算列值

下面从学生（student）表中查询学生的学号、姓名和年龄。

步骤 1：在工具栏上单击"新建查询"按钮，打开一个空白的 .sql 文件，输入以下 SQL 语句。

```
SELECT sno AS '学号',sname AS '姓名',YEAR(NOW()) - YEAR(birth)AS '年龄'
FROM student;
```

步骤 2：选中以上语句，单击"运行已选择的"按钮，执行 SQL 语句，运行结果如图 5-4所示。

图 5-4　查询学生的学号、姓名和年龄

✓　说明

1）NOW（）为日期时间函数，可获取当前系统的日期和时间。

2）YEAR（）函数可获取日期时间数据中的年。

5. 消除重复数据

下面对学生（student）表的学生所属班级 cno 消除重复数据。

步骤 1：在工具栏上单击 "新建查询" 按钮，打开一个空白的 .sql 文件，输入以下 SQL 语句。

```
SELECT DISTINCT cno
FROM student;
```

步骤 2：选中以上语句，单击 "运行已选择的" 按钮，执行 SQL 语句，运行结果如图 5-5 所示。

图 5-5　查询学生所属班级信息

✓　注意

1）DISTINCT 关键字只能在 SELECT 语句中使用。

2）在对一个或多个字段去重时，DISTINCT 关键字必须在所有字段的最前面。

3）如果 DISTINCT 关键字后有多个字段，则会对多个字段进行组合去重，也就是说，只有在多个字段组合起来是完全一样的情况下才会被去重。

任务 2　使用条件查询

【任务描述】

数据库中包含大量的数据，在实际使用时可能只需要查询表中满足条件的部分数据，相当于对数据的过滤，这就需要用到 WHERE 子句。WHERE 子句可以限制查询的范围，提高

121

查询效率。

本任务主要使用 WHERE 子句设置条件对数据进行过滤，按照指定需求完成数据的检索。

【知识准备】

1. WHERE 子句

WHERE 子句紧跟在 FROM 子句之后。WHERE 子句使用的一个条件可从 FROM 子句的中间结果中选取行。使用 WHERE 子句的语法格式如下：

```
WHERE <查询条件>
```

✅ **说明**

1）查询条件包括：

①带比较运算符的查询条件。

②带逻辑运算符的查询条件。

③带 BETWEEN AND 关键字的查询条件。

④带 IN 关键字的查询条件。

⑤带 LIKE 关键字的查询条件。

⑥带 IS NULL 关键字的查询条件。

2）WHERE 子句会根据查询条件对 FROM 子句中的中间结果行逐一进行判断，当条件为 TRUE 时，该行就被包含到 WHERE 子句的中间结果中。

2. 比较运算

比较运算符用于比较两个表达式的值。MySQL 支持的比较运算符有等于（=）、小于（<）、小于或等于（<=）、大于（>）、大于或等于（>=）、不等于（<>或！=），具体说明如表 5-1 所示。

表 5-1　比较运算符

比较运算符	含义	运算	结果说明
=	等于	10 = 20	FALSE
<>或！=	不等于	10<>20	TRUE
>	大于	10>20	FALSE
<	小于	10<20	TRUE
>=	大于或等于	10>=20	FALSE
<=	小于或等于	10<=20	TRUE

使用比较运算符的基本语法格式如下：

```
表达式 {比较运算符} 表达式
```

✔ 说明

比较运算符：＝、＜、＜＝、＞、＞＝、＜＞或！＝。

3. 逻辑运算

WHERE 关键词后可以有多个查询条件。有多个查询条件时，可用逻辑运算符 AND（&&）、OR（||）、NOT（!）和 XOR 隔开，具体说明如表 5－2 所示。

表 5－2　逻辑运算符

逻辑运算符	含义	运算	结果说明
AND	逻辑与（&&）	条件 1 AND（&&）条件 2	条件都是 TRUE 时，结果才是 TRUE
OR	逻辑或（||）	条件 1 OR（||）条件 2	条件有一个 TRUE 时，结果是 TRUE
NOT	逻辑非（!）	NOT（!）条件 1	条件是 TRUE，结果是 FALSE
XOR	逻辑异或	条件 1 XOR 条件 2	条件不相同时，结果是 TRUE

使用逻辑运算符的基本语法格式如下：

条件 1｛AND ｜ OR ｜ XOR｝条件 2

✔ 说明

1）AND：记录满足所有查询条件时才会被查询出来。
2）OR：记录满足任意一个查询条件时会被查询出来。
3）XOR：记录满足其中一个条件，并且不满足另一个条件时，才会被查询出来。

4. 范围比较

用于范围比较的关键字有 BETWEEN 和 IN 两个，具体说明如表 5－3 所示。

表 5－3　范围比较符

范围比较符	含义	运算	结果说明
BETWEEN A AND B	在 A 和 B 之间	BETWEEN 1 AND 10	在 1～10 之间，包括边界值，相当于 ＞＝1 AND ＜＝10
NOT BETWEEN A AND B	不在 A 和 B 之间	NOT BETWEEN 1 AND 10	不在 1～10 之间，包括边界值，相当于 ＞＝1 OR ＜＝10
IN 或 NOT IN	以列表项的形式支持多个条件选择	IN（value1，value2，…）或者 NOT IN（value1，value2，…）	与 OR 操作符结果类似

（1）BETWEEN AND 和 NOT BETWEEN AND 关键字

当查询的条件是某个值的范围时，可以用 BETWEEN AND 关键字。BETWEEN AND 关键字指出要查询的范围。BETWEEN AND 需要两个参数，即范围的起始值和终止值。如果字段值在指定的范围内，则这些记录被返回。如果不在指定范围内，则不会被返回。

使用 BETWEEN AND 关键字的基本语法格式如下：

表达式 [NOT] BETWEEN 取值 1 AND 取值 2

✔ **说明**

1）NOT：可选参数，表示指定范围之外的值。如果字段值不满足指定范围内的值，则这些记录被返回。

2）取值 1：表示范围的起始值。

3）取值 2：表示范围的终止值。

4）BETWEEN AND 关键字可用来查询某个范围内的值，该操作符需要两个参数，即范围的开始值和结束值。如果字段值满足指定的范围查询条件，则返回 TRUE，这些记录被返回（包含边界值）。使用 NOT 时则相反。

（2）IN 和 NOT IN 关键字

使用 IN 关键字可以指定一个列表项，列表项中列出所有可能的值，当与列表项中的任何一个匹配时，则返回 TRUE，否则返回 FALSE。

使用 IN 关键字的基本语法格式如下：

WHERE 表达式 [NOT] IN(子查询|表达式 1[,…表达式 n])

IN 关键字用得最多的是子查询，也可以用于 OR 运算。

5. 模式匹配

在 MySQL 中，LIKE 关键字主要用于搜索匹配字段中的指定内容来实现模糊查询。其语法格式如下：

[NOT] LIKE '字符串'

✔ **说明**

1）NOT：可选参数，字段中的内容与指定的字符串不匹配时满足条件。

2）字符串：指定用来匹配的字符串。"字符串"可以是一个完整的字符串，也可以包含通配符。

通配符主要用来模糊查询。当不知道某个或某些字符时，可以使用通配符来代替。LIKE 关键字支持百分号 "%" 和下画线 "_" 通配符，具体说明如表 5-4 所示。

表 5-4 通配符

通配符	描述
%	代表任何长度的字符串，字符串的长度可以为 0
_	只能代表单个字符，字符的长度不能为 0

✓　**注意**

1）匹配的字符串必须加单引号或双引号。

2）如果查询内容中包含通配符，则可以使用"\"转义符，也可以使用 ESCAPE 指定转义符。

6. 空值比较

数据表创建时，可以指定某列中是否包含空值。空值不同于 0，也不同于空字符串。空值一般表示数据未知、不适用或在将来添加数据。

MySQL 提供了 IS NULL 关键字，用来判断字段的值是否为空值（NULL）。如果字段的值是空值，则满足查询条件，该记录将被查询出来。如果字段的值不是空值，则不满足查询条件。

使用 IS NULL 的基本语法格式如下：

表达式 IS [NOT] NULL

说明："NOT"是可选参数，表示字段值不是空值时满足条件。

【任务实施】

1. 比较运算

（1）从学生（student）表中查询男生的学号、姓名和出生日期。

步骤 1：在工具栏上单击"新建查询"按钮，打开一个空白的 .sql 文件，输入以下 SQL 语句。

```
SELECT sno,sname,birth
FROM student
WHERE gender ='男';
```

步骤 2：选中以上语句，单击"运行已选择的"按钮，执行 SQL 语句，运行结果如图 5-6 所示。

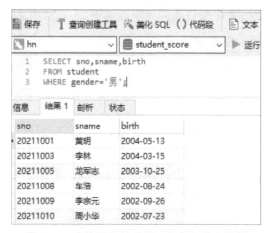

图 5-6　查询男生的学号、姓名和出生日期

(2) 从学生（student）表中查询年龄大于或等于 21 岁的学生的学号、姓名

步骤 1：在工具栏上单击"新建查询"按钮，打开一个空白的 .sql 文件，输入以下 SQL 语句。

```
SELECT sno,sname,YEAR(NOW()) - YEAR(birth)as 'age'
FROM student
WHERE YEAR(NOW()) - YEAR(birth) > =21;
```

步骤 2：选中以上语句，单击"运行已选择的"按钮，执行 SQL 语句，运行结果如图 5–7 所示。

图 5–7 查询年龄大于或等于 21 岁的学生的学号、姓名

2. 逻辑运算

(1) 从学生（student）表中查询年龄大于或等于 21 岁的男生的学号、姓名

步骤 1：在工具栏上单击"新建查询"按钮，打开一个空白的 .sql 文件，输入以下 SQL 语句。

```
SELECT sno,sname,YEAR(NOW()) - YEAR(birth)as 'age'
FROM student
WHERE YEAR(NOW()) - YEAR(birth) > =21 AND gender ='男';
```

步骤 2：选中以上语句，单击"运行已选择的"按钮，执行 SQL 语句，运行结果如图 5–8 所示。

图 5 – 8　查询年龄大于或等于 21 岁的男生的学号、姓名

（2）从教师（teacher）表中查询男性或者职称为"副教授"的教师工号、姓名

步骤 1：在工具栏上单击"新建查询"按钮，打开一个空白的 . sql 文件，输入以下 SQL 语句。

```
SELECT tno,tname
FROM teacher
WHERE sex ='男' OR title ='副教授';
```

步骤 2：选中以上语句，单击"运行已选择的"按钮，执行 SQL 语句，运行结果如图 5 – 9所示。

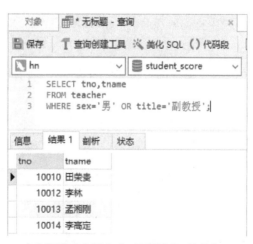

图 5 – 9　查询男性或者职称为"副教授"的教师工号、姓名

3. 范围比较

（1）从教师（teacher）表中查询工龄在 10 ~ 20 年的教师工号、姓名

步骤 1：在工具栏上单击"新建查询"按钮，打开一个空白的 . sql 文件，输入以下 SQL 语句。

```
SELECT tno,tname
FROM teacher
WHERE YEAR(NOW())-YEAR(trdate)BETWEEN 10 AND 20;
```

步骤 2：选中以上语句，单击"运行已选择的"按钮，执行 SQL 语句，运行结果如图 5 - 10 所示。

图 5 - 10　查询工龄在 10 ~ 20 年的教师工号、姓名

(2) 从学生（student）表中查询班级号为"Soft2101"和"Soft2102"的学生学号、姓名和班级号

步骤 1：在工具栏上单击"新建查询"按钮，打开一个空白的 .sql 文件，输入以下 SQL 语句。

```
SELECT sno,sname,cno
FROM student
WHERE cno in('Soft2101','Soft2102');
```

或

```
SELECT sno,sname,cno
FROM student
WHERE cno ='Soft2101' OR cno ='Soft2102';
```

步骤 2：选中以上语句，单击"运行已选择的"按钮，执行 SQL 语句，运行结果如图 5 - 11 所示。

图 5-11　查询班级号为"Soft2101"和"Soft2102"的学生学号、姓名和班级号

4. 模式匹配

(1) 从学生（student）表中查询姓"周"的学生的学号和姓名。

步骤 1：在工具栏上单击"新建查询"按钮，打开一个空白的 .sql 文件，输入以下 SQL 语句。

```
SELECT sno,sname
FROM student
WHERE sname LIKE '周%';
```

步骤 2：选中以上语句，单击"运行已选择的"按钮，执行 SQL 语句，运行结果如图 5-12 所示。

图 5-12　查询姓"周"的学生的学号和姓名

(2) 从学生（student）表中查询 Soft2102 班的姓名为两个字的学生的学号和姓名

步骤 1：在工具栏上单击"新建查询"按钮，打开一个空白的 .sql 文件，输入以下 SQL 语句。

```
SELECT sno,sname
FROM student
WHERE cno ='Soft2102' AND sname LIKE '__';
```

步骤 2：选中以上语句，单击"运行已选择的"按钮，执行 SQL 语句，运行结果如图 5-13 所示。

图 5-13　查询 Soft2102 班的姓名为两个字的学生的学号和姓名

(3) 从学生（student）表中查询住"长沙"的学生的学号和姓名

步骤 1：在工具栏上单击"新建查询"按钮，打开一个空白的 .sql 文件，输入以下 SQL 语句。

```
SELECT sno,sname
FROM student
WHERE address LIKE '% 长沙% ';
```

步骤 2：选中以上语句，单击"运行已选择的"按钮，执行 SQL 语句，运行结果如图 5-14 所示。

图 5-14　查询住"长沙"的学生的学号和姓名

5. 空值比较

下面从学生（student）表中查询没有填写地址信息的学生的学号和姓名。

步骤 1：在工具栏上单击"新建查询"按钮，打开一个空白的 .sql 文件，输入以下 SQL 语句，添加一条学生记录。

```
INSERT INTO student(sno,sname,gender,cno)
VALUES('20211011','张三','男','QiWei2101');
```

步骤 2：输入以下 SQL 语句，查询没有填写地址的学生信息。

```
SELECT sno,sname
FROM student
WHERE address IS NULL;
```

步骤 3：选中以上语句，单击"运行已选择的"按钮，执行 SQL 语句，运行结果如图 5-15 所示。

图 5-15　查询没有填写地址信息的学生的学号和姓名

任务 3　查询排序和限制查询结果条数

【任务描述】

查询到的数据是按照表中数据的顺序进行输出的，当实际中需要按照某个字段升序或者降序排序后再输出时，就需要用到排序子句 ORDER BY。当查询的数据量很大，只要求显示指定位置和条数的数据时，就需要用到 LIMIT 子句。

本任务主要介绍使用 ORDER BY 子句排序数据，使用 LIMIT 子句限制查询结果的条数。

【知识准备】

1. ORDER BY 子句

使用 ORDER BY 子句可以让查询结果集按照一定的顺序排序。ORDER BY 子句的语法格式如下：

ORDER BY 字段名 [ASC |DESC],…

✓ 说明

1）可以按照多个字段排序，之间用逗号隔开。

2）ASC |DESC：ASC 表示升序排序，DESC 表示降序排序，系统默认为 ASC。

3）不同数据类型，升序的含义如下。

①数字类型：小值在前面显示；

②日期类型：早的日期在前面显示；

③字符类型：依据字母顺序显示，a 在前，z 最后；

④空值：显示在最后。

2. LIMIT 子句

LIMIT 子句是 SELECT 语句的最后一个子句，用于限制 SELECT 语句返回的行数。SELECT 返回匹配的行有可能是表中所有的行。如果仅需要返回第一行或者前几行，则可以使用 LIMIT 关键字。

使用 LIMIT 子句的语法格式如下：

LIMIT [初始位置,]记录数

✓ 说明

1）初始位置：表示从哪条记录开始显示。第一条记录的位置是 0，第二条记录的位置是 1，后面的记录位置以此类推，系统默认为 0。

2）记录数：表示显示记录的条数。

LIMIT 可以和 OFFSET 组合使用，语法格式如下：

```
LIMIT 记录数 OFFSET 初始位置
```

说明：参数和 LIMIT 语法中的参数含义相同。"初始位置"指定从哪条记录开始显示；"记录数"表示显示记录的条数。

【任务实施】

1. 查询排序

（1）从学生（student）表中查询学生的学号、姓名和出生日期，按照出生日期降序排序

步骤 1：在工具栏上单击"新建查询"按钮，打开一个空白的 .sql 文件，输入以下 SQL 语句。

```sql
SELECT sno,sname,birth
FROM student
ORDER BY birth DESC;
```

步骤 2：选中以上语句，单击"运行已选择的"按钮，执行 SQL 语句，运行结果如图 5-16 所示。

图 5-16　查询学生的学号、姓名和出生日期，按照出生日期降序排序

(2) 从课程（lesson）表中查询"必修课"课程信息，按照学分 credit 升序排序

步骤1：在工具栏上单击"新建查询"按钮，打开一个空白的 .sql 文件，输入以下 SQL 语句。

```
SELECT *
FROM lesson
WHERE type ='必修课'
ORDER BY credit ASC;
```

步骤2：选中以上语句，单击"运行已选择的"按钮，执行 SQL 语句，运行结果如图 5-17所示。

图 5-17　查询"必修课"课程信息，按照学分 credit 升序排序

(3) 从教师（teacher）表中查询教师信息，按照职称升序排序，按教师编号降序排序。

步骤1：在工具栏上单击"新建查询"按钮，打开一个空白的 .sql 文件，输入以下 SQL 语句。

```
SELECT *
FROM teacher
ORDER BY CONVERT(title USING GBK)ASC,tno DESC;
```

步骤2：选中以上语句，单击"运行已选择的"按钮，执行 SQL 语句，运行结果如图 5-18所示。

图 5-18　查询教师信息，按照职称升序排序，按教师编号降序排序

✔ **说明**

如果表字段使用的是 GBK 编码，则按照英文字母的顺序排序，因为 GBK 本身就是按照英文字母排序的，当第一位相同时会比较第二位，以此类推。如果表字段使用的是 UTF-8 编码，则可以使用 MySQL 的 CONVERT 方法将其转换为 GBK 进行排序。

2. 限制返回行数

（1）从学生（student）表中查询学生的学号、姓名，显示前 5 条数据

步骤 1：在工具栏上单击"新建查询"按钮，打开一个空白的 .sql 文件，输入以下 SQL 语句。

```
SELECT sno,sname
FROM student
LIMIT 0,5;
```

或

```
SELECT sno,sname
FROM student
LIMIT 5;
```

步骤 2：选中以上语句，单击"运行已选择的"按钮，执行 SQL 语句，运行结果如图 5-19 所示。

图 5-19　查询学生的学号、姓名，显示前 5 条数据

（2）从学生（student）表中查询学生的学号、姓名，显示第 3 ~ 5 条共 3 条数据

步骤 1：在工具栏上单击"新建查询"按钮，打开一个空白的 . sql 文件，输入以下 SQL 语句。

```
SELECT sno,sname
FROM student
LIMIT 2,3;
```

或

```
SELECT sno,sname
FROM student
LIMIT 3 OFFSET 2;
```

步骤 2：选中以上语句，单击"运行已选择的"按钮，执行 SQL 语句，运行结果如图 5 - 20所示。

图 5-20　查询学生的学号、姓名，显示第 3~5 条共 3 条数据

(3) 从成绩 (score) 表中查询 Le0005 课程成绩排在前 3 名的学生学号、课程号和成绩

步骤 1：在工具栏上单击"新建查询"按钮，打开一个空白的 .sql 文件，输入以下 SQL 语句。

```
SELECT sno,lno,score
FROM score
WHERE lno = 'Le0005'
ORDER BY score DESC
LIMIT 3;
```

步骤 2：选中以上语句，单击"运行已选择的"按钮，执行 SQL 语句，运行结果如图 5-21 所示。

图 5-21　查询 Le0005 课程成绩排在前 3 名的学生学号、课程号和成绩

任务 4　使用分组和汇总查询数据

【任务描述】

在实际应用中，检索并不是简单的查询，而是要对数据表中的数据进行统计，如要统计全校男女生人数，就需要用到分组汇总。分组需要用到 GROUP BY 子句，汇总需要用到聚合函数。聚合函数能基于列进行计算，返回单个值。

本任务主要介绍使用 GROUP BY 子句进行数据分组，使用 HAVING 子句过滤分组数据，使用聚合函数汇总数据。

【知识准备】

1. 聚合函数

聚合函数在一行的集合（一组行）上进行操作，对每个组给出一行结果。聚合函数通常与 GROUP BY 子句一起使用。如果没有 GROUP BY 子句，那么聚合函数会把所有的行集合当作一个组，产生一行结果；否则按照分组，每个组产生一行结果。常见的聚合函数如表 5－5 所示。

表 5－5　常见的聚合函数

聚合函数名	说明
COUNT	统计查询结果的行数
MAX	查询指定列的最大值
MIN	查询指定列的最小值
SUM	求和，返回指定列的总和
AVG	求平均值，返回指定列数据的平均值

聚合函数的语法格式如下：

```
COUNT( * |{[ALL |DISTINCT] 表达式})
MAX／MIN／SUM／AVG({[ALL |DISTINCT] 表达式})
```

✔ 说明

1）表达式：可以是列名、常量、函数或表达式。

2）默认情况下，函数忽略列值为 NULL 的行，不参与计算。

3）＊：返回检索到的所有行的数据，包含 NULL 值。

4）ALL | DISTINCT：ALL 表示对所有值进行运算，DISTINCT 表示去除重复值，默认为 ALL。

✔ **注意**

1）当使用的聚合函数的 SELECT 语句中没有 GROUP BY 子句时，中间结果集中的所有行自动形成一组，然后计算聚合函数。

2）聚合函数不允许嵌套，如 count（max（…））。

3）聚合函数的参数可以是列或函数表达式。

4）一个 SELECT 子句中可出现多个聚合函数。

2. GROUP BY 子句

GROUP BY 子句可以根据一个或多个字段对查询结果进行分组，在分组的列上可以使用 COUNT()、MAX()、MIN()、SUM() 和 AVG() 等函数。使用 GROUP BY 子句分组的基本语法格式如下：

```
GROUP BY <字段名 >
```

✔ **说明**

1）字段名：表示需要分组的字段名称，有多个字段时用逗号隔开。

2）分组除了使用字段名外，还可以是表达式。

3. HAVING 子句

可以使用 HAVING 关键字对分组后的数据进行过滤。HAVING 子句不能单独使用，必须跟在 GROUP BY 子句后面。使用 HAVING 关键字的语法格式如下：

```
HAVING <查询条件 >
```

✔ **说明**

1）HAVING 关键字和 WHERE 关键字都可以用来过滤数据，且 HAVING 支持 WHERE 关键字中所有的操作符和语法。

2）WHERE 子句比 GROUP BY 先执行，而聚合函数必须在分组完成后才能执行，且分组完成后必须使用 HAVING 子句进行结果集的过滤。

4. 分组 SELECT 语句

分组 SELECT 语句的基本语法格式如下：

```
SELECT [聚合函数]字段名 FROM 表名
      [WHERE 查询条件]
      [GROUP BY 字段名]
      [HAVING 过滤条件]
```

✔ **说明**

1）出现在 SELECT 子句中的单独的列，必须出现在 GROUP BY 子句中作为分组列。

2）分组列可以不出现在 SELECT 子句中。

3）分组列可出现在 SELECT 子句中的一个复合表达式中。

4）如果 GROUP BY 后面是一个复合表达式，那么在 SELECT 子句中必须整体作为表达式的一部分才能使用。

【任务实施】

1. 聚合函数

（1）从学生（student）表中统计学生人数

步骤 1：在工具栏上单击"新建查询"按钮，打开一个空白的 .sql 文件，输入以下 SQL 语句。

```
SELECT count(*)AS '学生人数' FROM student;
```

或

```
SELECT count(sno)AS '学生人数' FROM student;
```

步骤 2：选中以上语句，单击"运行已选择的"按钮，执行 SQL 语句，运行结果如图 5-22 所示。

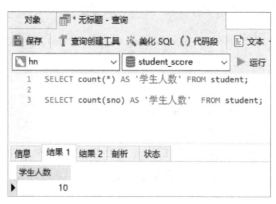

图 5-22 统计学生人数

✔ **注意**

COUNT( ) 函数忽略列值为 NULL 的行，不参与计算。

使用如下 SQL 语句，插入一条记录：

```
INSERT INTO student(sno,sname,gender,cno)
VALUES('20211011','张三','男','QiWei2101');
```

使用 COUNT（sno）与 COUNT（address）统计人数的区别是，前者为 11，后者为 10，因为刚插入记录中的 address 字段为 NULL。

（2）从成绩（score）表中统计 Le0005 课程考试成绩的最高分、最低分、平均成绩和总分

步骤 1：在工具栏上单击"新建查询"按钮，打开一个空白的.sql 文件，输入以下 SQL 语句。

```
SELECT MAX(score)'最高分',MIN(score)'最低分',AVG(score)'平均成绩',SUM(score)
'总分'
FROM score
WHERE lno='Le0005';
```

步骤 2：选中以上语句，单击"运行已选择的"按钮，执行 SQL 语句，运行结果如图 5 – 23 所示。

图 5 – 23 统计 Le0005 课程考试成绩的最高分、最低分、平均成绩和总分

2. 分组汇总

（1）从课程（lesson）表中统计课程类型

步骤 1：在工具栏上单击"新建查询"按钮，打开一个空白的.sql 文件，输入以下 SQL 语句。

```
SELECT type FROM lesson GROUP BY type;
```

或

```
SELECT DISTINCT type FROM lesson;
```

步骤 2：选中以上语句，单击"运行已选择的"按钮，执行 SQL 语句，运行结果如图 5 – 24 所示。

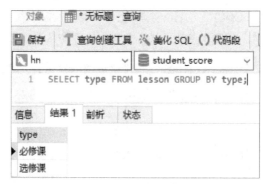

图 5-24 统计课程类型

✔ 说明

GROUP BY 单独用时，查询结果集只显示每个分组的第一条记录。

（2）按照课程类型分组，显示出每个分组的课程名称

步骤 1：在工具栏上单击"新建查询"按钮，打开一个空白的 .sql 文件，输入以下 SQL 语句。

```
SELECT type '课程类型',GROUP_CONCAT (1name) '课程名'
FROM lesson
GROUP BY type;
```

步骤 2：选中以上语句，单击"运行已选择的"按钮，执行 SQL 语句，运行结果如图 5-25 所示。

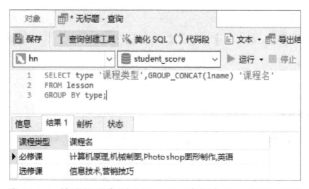

图 5-25 按照课程类型分组，显示出每个分组的课程名称

✔ 说明

GROUP BY 关键字可以和 GROUP_CONCAT ( ) 函数一起使用。GROUP_CONCAT ( ) 函数会把每个分组的字段值都显示出来。

（3）从课程（lesson）表中统计各课程类型的课程数

步骤 1：在工具栏上单击"新建查询"按钮，打开一个空白的 .sql 文件，输入以下 SQL 语句。

```
SELECT type '课程类型',COUNT(lno)'课程数'
FROM lesson
GROUP BY type;
```

步骤 2：选中以上语句，单击"运行已选择的"按钮，执行 SQL 语句，运行结果如图 5-26 所示。

图 5-26　统计各课程类型的课程数

✓ **说明**

GROUP BY 关键字和聚合函数一起使用。聚合函数对每个分组进行计算。

（4）从学生（student）表中统计各班级的男女生人数

步骤 1：在工具栏上单击"新建查询"按钮，打开一个空白的 .sql 文件，输入以下 SQL 语句。

```
SELECT cno '班级号',gender '性别', COUNT(sno)'人数'
FROM student
GROUP BY cno,gender;
```

步骤 2：选中以上语句，单击"运行已选择的"按钮，执行 SQL 语句，运行结果如图 5-27 所示。

图 5-27　统计各班级的男女生人数

✔ 说明

通过 SELECT, 可返回结果集字段, 这些字段要么在 GROUP BY 语句后面, 作为分组的依据, 要么包含在聚合函数中。此任务中, sno 字段包含在聚合函数中, 就可以不出现在 GROUP BY 语句后面。如果 sname 字段不包含在 SELECT 语句中, 就要出现在 GROUP BY 语句后面。

如果需要对统计结果按照班级号进行升序排序, 输入以下 SQL 代码:

```
SELECT cno '班级号',gender '性别', COUNT(sno)'人数'
FROM student
GROUP BY cno,gender
ORDER BY cno ASC;
```

或

```
SELECT cno '班级号',gender '性别', COUNT(sno)'人数'
FROM student
GROUP BY cno ASC,gender;
```

执行 SQL 语句, 运行结果如图 5−28 所示。

图 5−28　对分组后的结果进行排序

✔ 说明

MySQL 对 GROUP BY 子句进行了扩展, 可以在列的后面指定 ASC（升序）或 DESC（降序）。

(5) 从学生（student）表中统计软件班的男女生人数、软件各班人数和软件班总人数,并显示班级号、性别、姓名和人数

软件班: 班级号含有 "soft" 的班级。

分类小计：显示各班级人数、软件班总人数。

步骤 1：在工具栏上单击"新建查询"按钮，打开一个空白的 .sql 文件，输入以下 SQL 语句：

```
SELECT cno '班级号',gender '性别', GROUP_CONCAT (sname), COUNT (sno) '人数'
FROM student
WHERE cno LIKE 'soft%'
GROUP BY cno, gender
WITH ROLLUP;
```

步骤 2：选中以上语句，单击"运行已选择的"按钮，执行 SQL 语句，运行结果如图 5-29 所示。

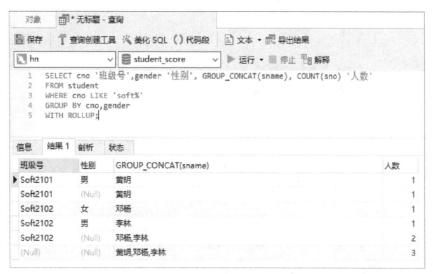

图 5-29　统计软件班的男女生人数、软件各班人数和软件班总人数

✔ **说明**

1）GROUP BY 子句带上 WITH ROLLUP 短语后，将对 GROUP BY 子句中所指定的各列产生汇总行。产生的规则是：按列逆序依次汇总。

2）从运行结果可看出，先对同班级按性别字段汇总三行数据，然后产生了按班级分类汇总的两行数据，最后按软件班（所有数据）汇总了一行数据。

3. 过滤分组

(1) 从成绩（score）表中统计每个学生的平均成绩，显示平均成绩不低于 90 的学号、平均成绩

步骤 1：在工具栏上单击"新建查询"按钮，打开一个空白的 .sql 文件，输入以下 SQL 语句。

```
SELECT sno '学号',AVG(score)'平均成绩'
FROM score
GROUP BY sno
HAVING 平均成绩 > = 90;
```

步骤2：选中以上语句，单击"运行已选择的"按钮，执行 SQL 语句，运行结果如图5-30所示。

图5-30 统计学生平均成绩不低于90的学号、平均成绩

✓ 说明

1）HAVING 关键字对分组后的数据进行过滤。

2）HAVING 子句不能单独使用，必须在 GROUP BY 子句后面使用。

3）HAVING 支持 WHERE 关键字中所有的操作符和语法。

（2）从成绩（score）表中统计 Le0003 和 Le0005 课程的最高成绩、最低成绩

步骤1：在工具栏上单击"新建查询"按钮，打开一个空白的 .sql 文件，输入以下 SQL 语句。

```
SELECT lno '课程号',MAX(score)'最高成绩', MIN(score)'最低成绩'
FROM score
WHERE lno IN('Le0003','Le0005')
GROUP BY lno;
```

或

```
SELECT lno '课程号',MAX(score)'最高成绩', MIN(score)'最低成绩'
FROM score
GROUP BY lno
HAVING 课程号 IN ('Le0003','Le0005');
```

步骤2：选中以上语句，单击"运行已选择的"按钮，执行 SQL 语句，运行结果如图5-31所示。

图5-31 统计 Le0003 和 Le0005 课程的最高成绩、最低成绩

✔ 说明

WHERE 和 HAVING 关键字存在以下几点差异：

1）一般情况下，WHERE 用于过滤数据行，而 HAVING 用于过滤分组。

2）WHERE 查询条件中不可以使用聚合函数，而 HAVING 查询条件中可以使用聚合函数。

3）WHERE 在数据分组前进行过滤，而 HAVING 在数据分组后进行过滤。

4）WHERE 针对数据库文件进行过滤，而 HAVING 针对查询结果进行过滤。也就是说，WHERE 根据数据表中的字段直接进行过滤，而 HAVING 则根据前面已经查询出的字段进行过滤。

5）WHERE 查询条件中不可以使用字段别名，而 HAVING 查询条件中可以使用字段别名。

（3）从学生（student）表中统计湖南地区班级人数大于或等于2的班级号、人数

步骤1：在工具栏上单击"新建查询"按钮，打开一个空白的.sql 文件，输入以下 SQL 语句。

```
SELECT cno '班级号',COUNT(sno)'人数'
FROM student
WHERE address LIKE '%湖南%'
GROUP BY cno
HAVING COUNT(sno) > =2;
```

步骤2：选中以上语句，单击"运行已选择的"按钮，执行 SQL 语句，运行结果如图5-32所示。

图 5–32　统计湖南地区班级人数大于或等于 2 的班级号、人数

✓ 说明

1）WHERE 后面的条件不能写在 HAVING 后面，HAVING 后面的条件也不能写在 WHERE 后面。

2）HAVING 查询条件中可以使用字段别名，也可以直接使用聚合函数计算的列（HAVING COUNT（sno）＞＝2）。

任务 5　使用连接查询进行多表数据的检索

【任务描述】

本项目前面的任务所讲的查询语句都是针对一个表的，然而在关系型数据库中，表与表之间是有联系的，所以在实际应用中，经常使用多表查询。多表查询就是同时查询两个或两个以上的表。本任务主要介绍使用连接查询进行多表数据的检索。

【知识准备】

1. 连接概述

在不同的表中查询数据，必须在 FROM 子句中指定多个表。表的连接可将不同列的数据组合到一个表中。连接就是将一个表中的行按照某个条件（连接条件）和另一个表中的行连接起来形成一个新行的过程。在 MySQL 中，根据连接条件使用操作符，多表查询主要有相等连接（使用等号操作符）和不等连接（不使用等号操作符）；根据连接查询返回的结果，多表查询主要有交叉连接、内连接和外连接。

2. 交叉连接

交叉连接（CROSS JOIN）没有连接条件，表与表间的所有行都可连接。结果集中的总行数就是两个表中总行数的乘积（笛卡儿积），一般用来返回连接表的笛卡儿积。

交叉连接的语法格式如下：

SELECT <字段名> FROM <表 1> CROSS JOIN <表 2> [WHERE 子句]

或

SELECT <字段名> FROM <表 1>，<表 2> [WHERE 子句]

✔ **说明**

1）字段名：需要查询的字段名称。

2）表 1、表 2：需要交叉连接的表名。

3）WHERE 子句：用来设置交叉连接的查询条件。

4）多个表交叉连接时，在 FROM 后连续使用 CROSS JOIN 即可。

✔ **注意**

1）在实际中，应该要避免产生笛卡儿积的连接，特别是对于大表。

2）若是想专门产生笛卡儿积，则可以使用交叉连接。

3. 内连接

内连接（INNER JOIN）只返回连接表中所有满足连接条件的行，主要通过设置连接条件的方式，来移除查询结果中某些数据行的交叉连接。简单来说，就是利用条件表达式来消除交叉连接的某些数据行。如果没有连接条件，那么 INNER JOIN 和 CROSS JOIN 在语法上是等同的，两者可以互换。

内连接的语法格式如下：

SELECT <字段名> FROM <表 1> INNER JOIN <表 2> [ON 子句 | USING(字段名))]

✔ **说明**

1）字段名：需要查询的字段名称。

2）表 1、表 2：需要内连接的表名，可以给表设置别名。

3）INNER JOIN：内连接中可以省略关键字 INNER，只用关键字 JOIN。

4）ON 子句：用来设置内连接的连接条件。

5）USING：只能和 JOIN 一起使用，而且要求两个关联字段在关联表中的名称一致，而且只能表示关联字段值相等。

6）多个表内连接时，在 FROM 后连续使用 INNER JOIN 或 JOIN 即可。

✔ **注意**

1）INNER JOIN 也可以使用 WHERE 子句指定连接条件，但是 INNER JOIN…ON 是官方的标准写法，而且 WHERE 子句在某些时候会影响查询的性能。

2）一旦给表定义了别名，那么原始的表名就不能出现在该语句的其他子句中。

4. 外连接

内连接返回查询结果集中仅包含满足连接条件和查询条件的行，而采用外连接时，不仅返回满足条件的结果，还会包含左表（左外连接）、右表（右外连接）或两个表（全外连接）中的所有数据行。

在 MySQL 数据库中，外连接分两类：左外连接、右外连接。MySQL 不支持全外连接。

（1）左外连接

左外连接又称为左连接，查询的结果集包含左表中的所有行。如果左表中的某行在右表中没有匹配的行，则在相关联的结果集中右表的所有选择列均为空值。

左连接的语法格式如下：

```
SELECT <字段名> FROM <表1> LEFT OUTER JOIN <表2> <ON 子句>
```

✔ **说明**

1）字段名：需要查询的字段名称。

2）表1、表2：需要左连接的表名。

3）LEFT OUTER JOIN：左连接中可以省略 OUTER 关键字，只使用关键字 LEFT JOIN。

4）ON 子句：用来设置左连接的连接条件，不能省略。

✔ **注意**

"表1"为基表，"表2"为参考表。左连接查询时，可以查询出"表1"中的所有记录和"表2"中匹配连接条件的记录。如果"表1"的某行在"表2"中没有匹配行，那么在返回结果中"表2"的字段值均为空值（NULL）。

（2）右外连接

右外连接又称为右连接，查询的结果集包含右表中的所有行。如果右表中的某行在左表中没有匹配的行，则在相关联的结果集中左表的所有选择列均为空值。

右连接的语法格式如下：

```
SELECT <字段名> FROM <表1> RIGHT OUTER JOIN <表2> <ON 子句>
```

✔ **说明**

1）字段名：需要查询的字段名称。

2）表1、表2：需要右连接的表名。

3）RIGHT OUTER JOIN：右连接中可以省略 OUTER 关键字，只使用关键字 RIGHT JOIN。

4）ON 子句：用来设置右连接的连接条件，不能省略。

✔ **注意**

与左连接相反，右连接以"表 2"为基表，以"表 1"为参考表。右连接查询时，可以查询出"表 2"中的所有记录和"表 1"中匹配连接条件的记录。如果"表 2"的某行在"表 1"中没有匹配行，那么在返回结果中"表 1"的字段值均为空值（NULL）。

(3) 全外连接

全外连接的查询结果除了包含满足连接条件的记录外，还包含两个表中不满足条件的记录。当某行在另一个表中没有匹配的行时，则另一个表中的选择列均为空值。

MySQL 不支持全外连接，全外连接可以通过 UNION 组合实现。

5. 组合（UNION）

UNION 运算符可将两个或更多查询的结果组合起来，生成一个结果集，其中包含来自 UNION 中参与查询的提取行。

使用 UNION 组合查询结果的语法如下：

```
SELECT …
UNION [ALL |DISTINCT]
SELECT …
```

✔ **说明**

1）SELECT …：SELECT 列表必须在数量和对应列的数据类型上保持一致。

2）ALL | DISTINCT：UNION ALL 不去掉结果集中重复的行，UNION DISTINCT 会去掉结果集中重复的行，默认为 UNION DISTINCT。

✔ **注意**

1）最终结果集的列名来自于第一个查询的 SELECT 列表。

2）如果要对合并后的整个结果集进行排序，那么 ORDER BY 子句只能出现在最后面的查询中。

3）在去重操作时，如果列值中包含 NULL 值，则认为它们是相等的。

6. JOIN 和 UNION 的不同

JOIN 中连接表的列可能不同，但在 UNION 中，所有查询的列数和列顺序必须相同。

UNION 将查询之后的行放在一起（垂直放置），但 JOIN 将查询之后的列放在一起（水平放置），即它构成一个笛卡儿积。

【任务实施】

1. 交叉连接

使用交叉连接查询班级（class）表和部门（department）表。

步骤 1：在命令行窗口中，输入以下 SQL 语句，查询 class 表和 department 表的数据，运行结果如图 5 - 33 所示。

```
SELECT * FROM class;
SELECT * FROM department;
```

```
mysql> SELECT * FROM class;
+-------------+------------------+-----------+-----+
| cno         | cname            | cdirector | dno |
+-------------+------------------+-----------+-----+
| JiZhi2101   | 机制2101班       | 张伟      | 02  |
| KuaiJi2101  | 会计2101班       | 李杰志    | 03  |
| KuaiJi2102  | 会计2102班       | 陈艳荣    | 03  |
| QiWei2101   | 汽车维修2101班   | 徐小琴    | 01  |
| Soft2101    | 软件2101班       | 谭美丽    | 04  |
| Soft2102    | 软件2102班       | 向天明    | 04  |
+-------------+------------------+-----------+-----+
6 rows in set (0.00 sec)

mysql> SELECT * FROM department;
+-----+------------+-----------+
| dno | dname      | ddirector |
+-----+------------+-----------+
| 01  | 汽车工程系 | 李刚      |
| 02  | 机械工程系 | 徐明      |
| 03  | 经济贸易系 | 曾进      |
| 04  | 信息工程系 | 兰田      |
+-----+------------+-----------+
4 rows in set (0.00 sec)
```

图 5-33 查询 class 表和 department 表数据的运行结果

步骤 2：在命令行窗口中，输入以下 SQL 语句，使用交叉连接查询班级（class）表和部门（department）表，运行结果如图 5-34 所示。

```
SELECT *
FROM class CROSS JOIN department;
```

或

```
SELECT *
FROM class,department;
```

```
mysql> SELECT *
    -> FROM class CROSS JOIN department;
+-------------+------------------+-----------+-----+-----+------------+-----------+
| cno         | cname            | cdirector | dno | dno | dname      | ddirector |
+-------------+------------------+-----------+-----+-----+------------+-----------+
| JiZhi2101   | 机制2101班       | 张伟      | 02  | 04  | 信息工程系 | 兰田      |
| JiZhi2101   | 机制2101班       | 张伟      | 02  | 03  | 经济贸易系 | 曾进      |
| JiZhi2101   | 机制2101班       | 张伟      | 02  | 02  | 机械工程系 | 徐明      |
| JiZhi2101   | 机制2101班       | 张伟      | 02  | 01  | 汽车工程系 | 李刚      |
| KuaiJi2101  | 会计2101班       | 李杰志    | 03  | 04  | 信息工程系 | 兰田      |
| KuaiJi2101  | 会计2101班       | 李杰志    | 03  | 03  | 经济贸易系 | 曾进      |
| KuaiJi2101  | 会计2101班       | 李杰志    | 03  | 02  | 机械工程系 | 徐明      |
| KuaiJi2101  | 会计2101班       | 李杰志    | 03  | 01  | 汽车工程系 | 李刚      |
| KuaiJi2102  | 会计2102班       | 陈艳荣    | 03  | 04  | 信息工程系 | 兰田      |
| KuaiJi2102  | 会计2102班       | 陈艳荣    | 03  | 03  | 经济贸易系 | 曾进      |
| KuaiJi2102  | 会计2102班       | 陈艳荣    | 03  | 02  | 机械工程系 | 徐明      |
| KuaiJi2102  | 会计2102班       | 陈艳荣    | 03  | 01  | 汽车工程系 | 李刚      |
| QiWei2101   | 汽车维修2101班   | 徐小琴    | 01  | 04  | 信息工程系 | 兰田      |
| QiWei2101   | 汽车维修2101班   | 徐小琴    | 01  | 03  | 经济贸易系 | 曾进      |
| QiWei2101   | 汽车维修2101班   | 徐小琴    | 01  | 02  | 机械工程系 | 徐明      |
| QiWei2101   | 汽车维修2101班   | 徐小琴    | 01  | 01  | 汽车工程系 | 李刚      |
| Soft2101    | 软件2101班       | 谭美丽    | 04  | 04  | 信息工程系 | 兰田      |
| Soft2101    | 软件2101班       | 谭美丽    | 04  | 03  | 经济贸易系 | 曾进      |
| Soft2101    | 软件2101班       | 谭美丽    | 04  | 02  | 机械工程系 | 徐明      |
| Soft2101    | 软件2101班       | 谭美丽    | 04  | 01  | 汽车工程系 | 李刚      |
| Soft2102    | 软件2102班       | 向天明    | 04  | 04  | 信息工程系 | 兰田      |
| Soft2102    | 软件2102班       | 向天明    | 04  | 03  | 经济贸易系 | 曾进      |
| Soft2102    | 软件2102班       | 向天明    | 04  | 02  | 机械工程系 | 徐明      |
| Soft2102    | 软件2102班       | 向天明    | 04  | 01  | 汽车工程系 | 李刚      |
+-------------+------------------+-----------+-----+-----+------------+-----------+
```

图 5-34 使用交叉连接查询班级（class）表和部门（department）表的运行结果

说明

1) 交叉连接的结果集行数（笛卡儿积）＝ class 表的行数 6×department 表的行数4 =24行。

2) 结果集中有两列相同的字段 dno，第 1 个 dno 来自 class 表，第 2 个 dno 来自 department 表。

3) 仔细观察 24 行记录，只有行记录中的第 1 个 dno 的值等于第 2 个 dno 的值是有实际意义的，其他行并无实际意义。要想只得到有意义的数据，可以使用内连接实现。

2. 内连接

(1) 使用内连接查询班级（class）表和部门（department）表，显示班级号、班级名称、班主任、所属部门编号、部门名称

步骤 1：在工具栏上单击"新建查询"按钮，打开一个空白的 . sql 文件，输入以下 SQL语句。

标准写法如下，后续都采用这种写法：

```
SELECT cno,cname,cdirector,d.dno,dname
FROM class c INNER JOIN department d ON c.dno = d.dno;
```

推荐以上这种写法，这是官方的标准写法

传统写法：

```
SELECT cno,cname,cdirector,d.dno,dname
FROM class c,department d
WHERE c.dno = d.dno;
```

条件的字段名相同，都是 dno，可以这样写：

```
SELECT cno,cname,cdirector,d.dno,dname
FROM class c INNER JOIN department d USING(dno);
```

条件的字段名相同，都是 dno，还可以这样写（自然连接 NATURAL JOIN）：

```
SELECT cno,cname,cdirector,d.dno,dname
FROM class c NATURAL JOIN department d;
```

步骤 2：选中以上语句，单击"运行已选择的"按钮，执行 SQL 语句，运行结果如图 5 - 35所示。

注意

1) 一旦给表定义了别名，那么原始的表名就不能出现在该语句的其他子句中。代码中，class 表的别名是 c，那么在其他子句中只能使用 c，不能再使用 class 了。

2) 当列名在多个表中出现时，要指定是哪个表的字段。代码中的字段 dno 在 class 表和

department 表中都有，连接条件"c. dno = d. dno"和选择列"d. dno"中都用到了 dno，就必须指定来自哪个表。

图 5-35　查询班级号、班级名称、班主任、所属部门编号、部门名称

(2) 查询"信息工程系"学生的学号、姓名、性别、所在班级名称

步骤 1：在工具栏上单击"新建查询"按钮，打开一个空白的 .sql 文件，输入以下 SQL 语句。

```
SELECT sno,sname,gender,cname
FROM student s INNER JOIN class c ON s.cno = c.cno
          INNER JOIN department d ON c.dno = d.dno
WHERE d.dname ='信息工程系';
```

步骤 2：选中以上语句，单击"运行已选择的"按钮，执行 SQL 语句，运行结果如图 5-36所示。

图 5-36　查询"信息工程系"学生的学号、姓名、性别、所在班级名称

✅ **说明**

1）在连接两个表的后面，继续使用 INNER JOIN…ON 连接第三个表。

2）表的连接条件写在 ON 关键字后面，其他条件写在 WHERE 关键字后面。

（3）查询每门课程的课程号、任课教师姓名以及选课人数。

步骤 1：在工具栏上单击"新建查询"按钮，打开一个空白的 .sql 文件，输入以下 SQL 语句。

```
SELECT s.lno '课程号',tname '教师姓名',count(*)'选课人数'
FROM score s INNER JOIN teaching t ON s.lno = t.lno
             INNER JOIN teacher tc ON t.tno = tc.tno
GROUP BY s.lno,tname;
```

步骤 2：选中以上语句，单击"运行已选择的"按钮，执行 SQL 语句，运行结果如图 5－37 所示。

图 5－37　查询每门课程的课程号、任课教师姓名以及选课人数

✅ **说明**

在成绩（score）表中可以查询各课程选课人数，在教师（teacher）表中查询教师姓名。score 表与 teacher 表无法连接，这里通过授课（teaching）表来连接这两张表。

（4）查询与"李林"同班的学生的姓名

步骤 1：在工具栏上单击"新建查询"按钮，打开一个空白的 .sql 文件，输入以下 SQL 语句。

```
SELECT s2.sname
FROM student s1 INNER JOIN student s2 ON s1.cno = s2.cno
WHERE s1.sname ='李林' AND s1.sno < > s2.sno;
```

或

```
SELECT s2.sname
FROM student s1 INNER JOIN student s2 ON s1.sno < >s2.sno
WHERE s1.sname ='李林' AND s1.cno = s2.cno;
```

步骤 2：选中以上语句，单击"运行已选择的"按钮，执行 SQL 语句，运行结果如图 5-38 所示。

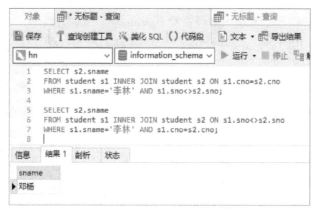

图 5-38　查询与"李林"同班的学生的姓名

✔ **说明**

连接操作不仅可以连接不同的表，也可以连接同一个表，称为自连接。代码中的 s1 和 s2 本质上是同一个表，只是用取别名的方式虚拟成两个表以代表不同的意义。然后再对两个表进行内连接查询。

3. 外连接

(1) 查询所有学生的成绩情况

步骤 1：在工具栏上单击"新建查询"按钮，打开一个空白的 .sql 文件，新添加一名学生记录，输入以下 SQL 语句，插入新来学生的记录。

```
INSERT INTO student(sno,sname,gender,cno) VALUES('20211011','张三','男',
'QiWei2101');
```

步骤 2：输入以下 SQL 语句，查询所有学生的成绩情况。

```
SELECT *
FROM student s LEFT JOIN score sd ON s.sno = sd.sno;
```

步骤 3：选中以上语句，单击"运行已选择的"按钮，执行 SQL 语句，运行结果如图 5-39 所示。

图 5-39 查询所有学生的成绩情况

✔ **说明**

LEFT JOIN 显示左边表的所有记录。新来的学生"张三"没有成绩，成绩信息的 3 个字段是空值。

（2）查询所有课程的选修情况

步骤 1：在工具栏上单击"新建查询"按钮，打开一个空白的 .sql 文件，新添加一门课程，输入以下 SQL 语句。

```
INSERT INTO lesson VALUES('Le0007','数据库基础与应用',3,'必修课');
```

步骤 2：输入以下 SQL 语句，查询所有学生的成绩情况。

```
SELECT *
FROM score sd RIGHT JOIN lesson l ON sd.lno = l.lno;
```

步骤 3：选中以上语句，单击"运行已选择的"按钮，执行 SQL 语句，运行结果如图 5-40所示。

✔ **说明**

1）RIGHT JOIN 显示右边表的所有记录。新添加的课程"数据库基础与应用"没有被人选修，成绩信息的 3 个字段是空值。

2）如果要显示的全部记录的表在左边，就使用左外连接；如果要显示的全部记录的表在右边，就使用右外连接。

图 5-40　查询所有课程的选修情况

4. 组合 UNION

(1) 查询住"长沙"或者学号为"20211002""20211004"的学生的学号、姓名和性别

步骤 1：在工具栏上单击"新建查询"按钮，打开一个空白的 .sql 文件，输入以下 SQL 语句，查询所有学生的成绩情况。

```
SELECT sno,sname,gender
FROM student
WHERE address LIKE '% 长沙% '
UNION
SELECT sno,sname,gender
FROM student
WHERE sno IN ('20211002','20211004')
ORDER BY sno;
```

步骤 2：选中以上语句，单击"运行已选择的"按钮，执行 SQL 语句，运行结果如图 5-41所示。

图 5-41   查询住"长沙"或学号为"20211002""20211004"的学生的学号、姓名和性别

✔ **说明**

1）ORDER BY 子句只能出现在最后面的查询中。

2）主要应用场景如下，这里属于第二种场景。

①在一个查询中从不同的表返回结构数据。

②对一个表执行多个查询，按一个查询返回数据。

(2) 查询学生表和班级表的所有数据

步骤 1：在工具栏上单击"新建查询"按钮，打开一个空白的 .sql 文件，新添加一个班级，该班级新来一个同学，输入以下 SQL 语句。

```
INSERT INTO class(cno,cname,cdiretor,dno)VALUES('Soft 2103','软件 2103 班','04')
INSERT INTO student(sno,sname,gender)VALUES('20211011','张三','男');
```

步骤 2：输入以下 SQL 语句，查询学生表和班级表的所有数据。

```
SELECT *
FROM class c LEFT JOIN student s ON c.cno = s.cno
UNION
SELECT *
FROM class c RIGHT JOIN student s ON c.cno = s.cno;
```

步骤 3：选中以上语句，单击"运行已选择的"按钮，执行 SQL 语句，运行结果如图 5-42 所示。

图 5-42　查询学生表和班级表的所有数据

✎　说明

通过 UNION 组合左外连接和右外连接实现全外连接。

任务 6　使用子查询进行数据检索、插入、更新和删除

【任务描述】

某些情况下，当进行一个查询时，需要的条件或数据是另外一个 SELECT 语句的结果，这时就要用到子查询。本任务主要介绍使用子查询进行数据检索、插入、更新和删除。

【知识准备】

1. 子查询概述

子查询是 MySQL 中比较常用的查询方法，通过子查询可以实现多表查询。子查询指将一个查询语句嵌套在另一个查询语句中。子查询可以在 SELECT、UPDATE 和 DELETE 语句中使用，而且可以进行多层嵌套。

(1) 单值查询和多值查询

1）单值查询。如果子查询返回的结果是单一值，则称为单值查询。单值查询可以直接使用关系运算符将内查询和外查询连接起来。

2）多值查询。如果子查询返回的结果为一组值，则称为多值查询。多值查询需要在子查询前面使用 ANY、ALL、IN、NOT IN 等运算符。

(2) 相关子查询与非相关子查询

1）相关子查询。相关子查询的执行过程是，为外部查询的每一行执行一次子查询，外

部查询将子查询引用的外部字段的值传给子查询，进行子查询操作；外部查询根据子查询得到的结果或结果集返回满足条件的结果行。外部查询的每一行都做相同处理。外部查询每执行一行，内部查询都要从头执行到尾。其类似于编程语言的嵌套循环。

2）非相关子查询。非相关子查询的执行过程是，从内层向外层处理，即先处理最内层的子查询，但是查询的结果是不会显示出来的，而是传递给外层作为外层的条件，再执行外部查询，最后显示出查询结果。

2. 子查询语法

在 SELECT 语句中，子查询可以被嵌套在 SELECT 语句的列、表和查询条件中，即 SELECT 子句，FROM 子句、WHERE 子句、GROUP BY 子句和 HAVING 子句。在实际开发时，子查询经常出现在 WHERE 子句中。子查询在 WHERE 中的语法格式如下：

```
WHERE <表达式> <操作符>（子查询)
```

✔ 说明
- 操作符：可以是比较运算符和 IN、NOT IN、ALL、SOME、ANY、EXISTS、NOT EXISTS 等关键字。
- 比较运算符：如果子查询的结果集只返回一行数据，则可以直接使用比较运算符比较。
- IN、NOT IN：当表达式与子查询的结果表中的某个值相等时，IN 谓词返回 TRUE，否则返回 FALSE；若使用了 NOT，则返回的值相反。
- ALL、SOME、ANY：说明对比较运算符的限制。如果子查询的结果集只返回一行数据，则可以通过比较运算符直接比较；如果子查询的结果集返回多行数据，则需要使用 ALL、SOME、ANY 来限定。ALL 指定表达式与子查询结果集中的每个值进行比较，当表达式的每个值都满足比较的关系时，才返回 TRUE，否则返回 FALSE。SOME 或 ANY 是同义词，表示表达式只要与子查询结果集中的某个值满足比较的关系，就返回 TRUE，否则返回 FALSE。
- EXISTS、NOT EXISTS：EXISTS 谓词用于测试子查询的结果是否为空表。若子查询的结果集不为空，则 EXISTS 返回 TRUE，否则返回 FALSE。EXISTS 与 NOT 结合使用，即 NOT EXISTS，其返回值与 EXISTS 刚好相反。

3. 使用子查询注意事项

在完成较复杂的数据查询时，经常会使用到子查询。编写子查询语句时，要注意如下事项。
1）子查询要包含在括号内。
2）建议将子查询放在比较条件的右侧。
3）当需要返回一个值或一个值列表时，可以利用子查询代替一个表达式，也可以利用子查询返回含有多个列的结果集以代替与连接操作相同的功能。
4）只出现在子查询中而没有出现在父查询中的表不能包含在输出列中。

【任务实施】

1. IN 子查询

(1) 查询所有成绩都不低于 90 分的学生的姓名

步骤 1：在工具栏上单击"新建查询"按钮，打开一个空白的 . sql 文件，输入以下 SQL 语句。

```
SELECT sname
FROM student
WHERE sno IN
(SELECT sno FROM score GROUP BY sno  HAVING min(score) > =90);
```

步骤 2：选中以上语句，单击"运行已选择的"按钮，执行 SQL 语句，运行结果如图 5-43 所示。

图 5-43　查询所有成绩都不低于 90 分的学生的姓名

也可以使用连接查询实现，代码如下：

```
SELECT sname
FROM student s INNER JOIN score sd ON s.sno = sd.sno
GROUP BY sd.sno,sname
HAVING min(score) > =90;
```

(2) 查询没有选修"信息技术"课程的学生的学号和姓名

步骤 1：在工具栏上单击"新建查询"按钮，打开一个空白的 . sql 文件，输入以下 SQL 语句。

```
SELECT sno,sname
FROM student
WHERE sno NOT IN(SELECT sno
                 FROM score
                 WHERE lno =(SELECT lno
                             FROM lesson
                             WHERE lname ='信息技术')
                );
```

步骤2：选中以上语句，单击"运行已选择的"按钮，执行 SQL 语句，运行结果如图5-44所示。

图5-44 查询没有选修"信息技术"课程的学生的学号和姓名

✎ **说明**

本次查询使用了嵌套子查询。

2. 比较子查询

（1）查询选择"Le0005"课程且成绩低于该门课程平均成绩的学生的学号

步骤1：在工具栏上单击"新建查询"按钮，打开一个空白的 . sql 文件，输入以下 SQL 语句。

```
SELECT sno
FROM score
WHERE lno ='Le0005'
      AND score <(SELECT AVG(score) FROM score WHERE lno ='Le0005');
```

步骤2：选中以上语句，单击"运行已选择的"按钮，执行 SQL 语句，运行结果如图5-45所示。

图5-45 查询选择"Le0005"课程且成绩低于该门课程平均成绩的学生的学号

（2）查询年龄高于"Soft2102"班所有学生年龄的其他班的学生的学号和姓名

步骤1：在工具栏上单击"新建查询"按钮，打开一个空白的 .sql 文件，输入以下 SQL 语句。

```
SELECT sno,sname
FROM student
WHERE cno < >'Soft2102'
    AND birth <ALL(SELECT birth FROM student WHERE cno ='Soft2102');
```

步骤2：选中以上语句，单击"运行已选择的"按钮，执行 SQL 语句，运行结果如图5-46所示。

图5-46 查询年龄高于"Soft2102"班所有学生年龄的其他班的学生的学号和姓名

（3）查询选修的课程成绩不低于该课程平均分的学生的学号和课程号

步骤1：在工具栏上单击"新建查询"按钮，打开一个空白的.sql文件，输入以下SQL
语句。

```
SELECT sno,lno
FROM score a
WHERE score > = (SELECT AVG(score)FROM score b WHERE b.lno = a.lno);
```

步骤2：选中以上语句，单击"运行已选择的"按钮，执行SQL语句，运行结果如
图5-47所示。

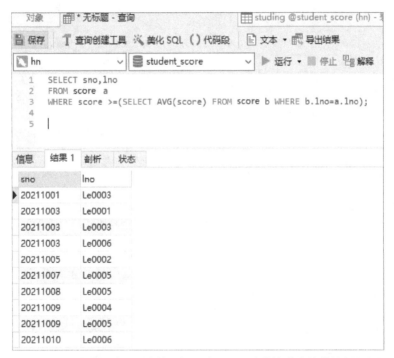

图5-47 查询选修的课程成绩不低于该课程平均分的学生的学号和课程号

✓ **说明**

选修的课程成绩要高于该课程的平均成绩，执行过程是，外层的每一行执行一次，内层
都要查询与外层课程号相同的课程的平均分，查询出的平均分作为外层的条件。这种内层用
到外层字段的查询就是相关子查询。

3. EXISTS 子查询

下面查询未选修任何课程的学生的姓名。

步骤1：在工具栏上单击"新建查询"按钮，打开一个空白的.sql文件，输入以下SQL
语句，添加一条学生记录。

```
INSERT INTO student(sno,sname,gender,cno)
VALUES('20211011','张三','男','QiWei2101');
```

步骤2：输入以下SQL语句，查询未选修任何课程的学生的姓名。

```
SELECT sno
FROM student s
WHERE NOT EXISTS (SELECT * FROM score sd WHERE sd.sno = s.sno);
```

步骤3：选中以上语句，单击"运行已选择的"按钮，执行SQL语句，运行结果如图5-48所示。

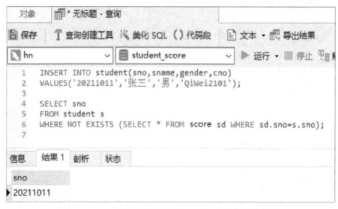

图5-48　查询未选修任何课程的学生的姓名

✓ 说明

EXISTS子查询一般只关心是否有结果，而不关心查询出的结果是什么，所以子查询的SELECT语句后一般用"*"。这里也可以用NOT IN子查询实现，代码如下：

```
SELECT sno FROM student
WHERE sno NOT IN( SELECT sno FROM score);
```

4.　插入、更新和删除数据子查询

（1）查询"Soft2102"班学生的学号、课程号和成绩，并插入表 score_Soft2102

步骤1：在工具栏上单击"新建查询"按钮，打开一个空白的.sql文件，创建表 score_Soft2102，输入以下SQL语句。

```
CREATE TABLE score_Soft2102(
    学号 CHAR(12),
    课程号 VARCHAR(20),
    成绩 DECIMAL(8,2)
);
```

步骤 2：输入以下 SQL 语句，查询"Soft2102"班学生的学号、课程号和成绩，并插入表 score_Soft2102。

```
INSERT score_Soft2102
SELECT sno,lno,score FROM score
WHERE sno IN( SELECT sno FROM student
              WHERE cno ='Soft2102');
```

或

```
INSERT score_Soft2102
SELECT sd.sno,lno,score
FROM student s INNER JOIN score sd ON s.sno = sd.sno
WHERE cno ='Soft2102';
```

步骤 3：选中以上语句，单击"运行已选择的"按钮，执行 SQL 语句，运行结果如图 5-49 所示。

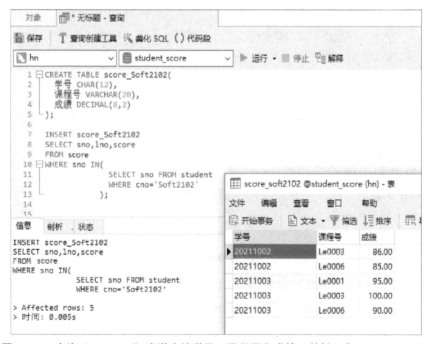

图 5-49 查询"Soft2102"班学生的学号、课程号和成绩，并插入表 score_Soft2102

✔ 说明

如果表 score_Soft2102 不存在，那么要先创建，才能按照上述方法插入数据。

（2）将"李林"的"计算机原理"课程成绩增加 2 分

步骤 1：在工具栏上单击"新建查询"按钮，打开一个空白的 .sql 文件，输入以下 SQL 语句。

```
UPDATE score
SET score = score + 2
WHERE sno IN(SELECT sno FROM student WHERE sname='李林')
    AND lno IN(SELECT lno FROM lesson WHERE lname='计算机原理');
```

步骤2：选中以上语句，单击"运行已选择的"按钮，执行 SQL 语句，运行结果如图 5-50所示。

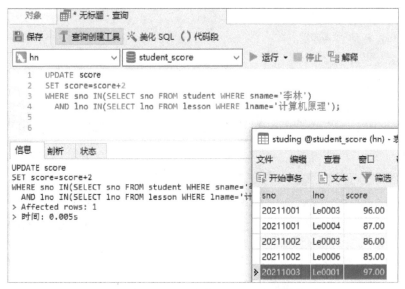

图5-50 将"李林"的"计算机原理"课程成绩增加2分

(3) 删除没有选课的学生信息

步骤1：在工具栏上单击"新建查询"按钮，打开一个空白的 . sql 文件，输入以下 SQL 语句，添加新来学生的记录。

```
 INSERT INTO student(sno, sname, gender, cno) VALUES ('20211011',' 张三 ',' 男 ',
'QiWei2101');
```

步骤2：输入以下 SQL 语句，删除没有选课的学生信息。

```
DELETE FROM student
WHERE sno NOT IN(SELECT sno FROM score);
```

步骤3：选中以上语句，单击"运行已选择的"按钮，执行 SQL 语句，运行结果如图 5-51所示。

图 5-51　删除没有选课的学生信息

课后练习

1. 查询所有员工的信息。

2. 查询所有员工的编号、姓名和性别。

3. 查询女员工的年龄，显示出员工姓名和年龄。

4. 查询年龄在 40～45 岁的员工姓名和年龄。

5. 查询"B002"部门号的员工姓名、性别和出生日期。

6. 查询"B002"和"B003"部门员工的基本信息。

7. 查询不在职的员工的基本信息。

8. 查询所有姓"李"的员工的姓名、性别和出生日期。

9. 查询每个员工的实发工资总和、实发工资的平均值。

10. 查询"维修部"员工"2022 年 12 月"的实发工资，显示员工姓名、实发工资。

11. 查询"采购部"员工的姓名、性别和年龄。

12. 查询其他部门比"销售部"所有员工年龄都大的员工姓名和部门。

13. 查询各部门总人数，显示部门名和人数。

14. 查询每个部门的"2022 年 12 月"实发工资总和，显示部门名和实发工资总和。

15. 查询"财务处"每个员工的实发工资平均值，显示出实发工资平均值大于 8000 的员工编号、姓名和实发平均工资。

项目6 ▶ 学生成绩管理系统数据的索引操作

知识目标

- 理解索引的功能和作用。
- 掌握使用图形化管理工具创建、管理索引的方法。
- 掌握使用 SQL 语句创建、管理索引的方法。

能力目标

- 能使用图形化管理工具创建、管理索引。
- 能使用 SQL 语句创建、管理索引。

任务 1　使用图形化管理工具创建、管理索引

【任务描述】

现在，学生成绩管理系统数据库中的表已创建，并存在大量数据，为了提高查询效率，需要创建索引。本任务主要介绍在图形化管理工具中实现索引的创建、管理操作。

【知识准备】

1. 索引是什么

索引是一个单独的、存储在磁盘上的数据库结构，包含着对数据表里所有记录的引用指针。简单来讲，数据库索引就像书的目录，能加快数据库的查询速度。

(1) 索引的存储类型

MySQL 中索引的存储类型有两种，即 BTree 和 Hash。

Hash 类型的索引：Hash 以 key、value 的形式存储，可通过 Hash 索引计算出一个唯一的 Hash 的 key 值，然后通过该 key 值进行全表匹配判断，查询出 value 值。

BTree 类型的索引：BTree 也称为 b + 树，可通过一个平衡二叉树判断范围的查询。

（2）MySQL 的存储引擎

MySQL 的存储引擎有 InnoDB、MyISAM、Memory、Heap。InnoDB、MyISAM 只支持 BTree 索引；Memory、Heap 支持 BTree 和 Hash 索引。

2. 索引的分类

MySQL 常见的索引分类如下。

按数据结构分类：BTree 索引、Hash 索引、Full-text 索引。

按物理存储分类：聚集索引、非聚集索引（也称为二级索引、辅助索引）。

按字段特性分类：普通索引（INDEX）、唯一索引（UNIQUE）、主键索引（PRIMARY KEY）、空间索引（SPATIAL）和全文索引（FULLTEXT）。

按字段个数分类：单列索引、联合索引（也称为复合索引、组合索引）。

（1）普通索引

普通索引是 MySQL 中基本的索引类型。添加普通索引的列对数据没有特殊要求，允许在定义索引的列中插入重复值和空值。

（2）唯一索引

唯一索引是要求索引列的值必须唯一，但允许有空值。主键索引是一种特殊的唯一索引，不允许有空值。如果是组合索引，则列值的组合必须唯一。

（3）主键索引

主键索引是一种特殊的唯一索引，不允许有空值。该索引是数据库的所有索引中查询速度最快的，并且每个数据表只能有一个主键索引列。

（4）空间索引

空间索引是对空间数据类型的字段建立的索引，使用 SPATIAL 关键字进行扩展。创建空间索引的列必须将其声明为 NOT NULL，只能在存储引擎为 MyISAM 的表中创建。该索引主要用于地理空间数据类型 GEOMETRY。

（5）全文索引

全文索引用来查找文本中的关键字，只能在 CHAR、VARCHAR 或 TEXT 类型的列上创建。在 MySQL 中，只有 MyISAM 存储引擎支持全文索引。全文索引允许在索引列中插入重复值和空值。不过对于大容量的数据表，生成全文索引非常消耗时间和硬盘空间。

3. 索引的优缺点

索引有其明显的优势，也有其不可避免的缺点。

（1）优点

索引的优点如下：

1）可以给所有的 MySQL 列类型设置索引。

2）可以大大加快数据的查询速度，这是使用索引最主要的原因。

3）在实现数据的参考完整性方面，可以加速表与表之间的连接。

4）在使用分组和排序子句进行数据查询时，可以显著减少查询中分组和排序的时间。

（2）缺点

增加索引会产生许多不利的方面，主要如下：

1）创建和维护索引要耗费时间，并且随着数据量的增加，所耗费的时间也会增加。

2）索引需要占磁盘空间，除了数据表占数据空间以外，每一个索引还要占一定的物理空间。如果有大量的索引，那么索引文件可能比数据文件更快达到最大文件尺寸。

3）当对表中的数据进行增加、删除和修改时，索引也要动态维护，这样就降低了数据的维护速度。

使用索引时，需要综合考虑索引的优点和缺点。

索引可以提高查询速度，但是会影响插入记录的速度。因为，向有索引的表中插入记录时，数据库系统会按照索引进行排序，这样就降低了插入记录的速度，插入大量记录时，速度影响会更加明显。这种情况下，最好的方法是先删除表中的索引，再插入数据，最后创建索引。

【任务实施】

1. 查看索引

下面查看学生（student）表中已创建的索引。

步骤1：在"Navicat Premium"窗口中，依次打开"hn"→"student_score"→"表"，在"student"上右击，选择"设计表"命令，会弹出一个表设计的窗口（此窗口与创建表的窗口是一样的），选择"索引"选项卡，如图6-1所示。

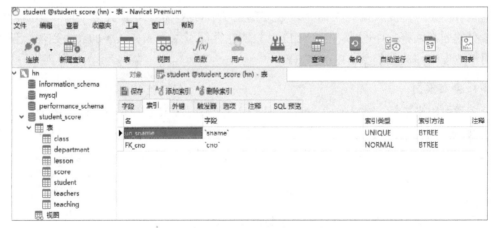

图6-1 表设计窗口的"索引"选项卡

可以看到，创建和修改 student 表时，在设置唯一约束和外键约束时，同时创建了两个索引，在 sname 姓名字段上创建了唯一索引，在 cno 字段上创建了普通索引。

步骤2：在查询窗口中输入以下 SQL 语句，选中所输入语句，单击"运行已选择的"按钮，运行结果如图 6－2 所示。使用 SHOW INDEX 命令查看 student 表的全部索引，在设置 student 表的主键时创建一个主键索引。

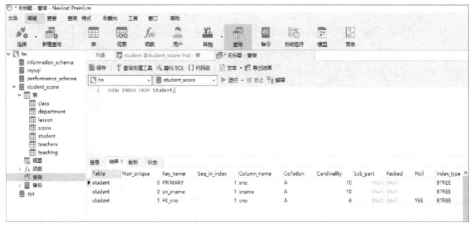

图 6－2　使用 SHOW INDEX 命令查看 student 表的全部索引

✔ **说明**

在创建和修改表时，设置主键、唯一键和外键约束时，会同时创建对应的主键索引、唯一索引和普通索引。

2. 创建索引

下面给学生（student）表的联系电话（phone）字段添加索引。

步骤1：在"Navicat Premium"窗口中，依次打开"hn"→"student_score"→"表"，在"student"上右击，选择"设计表"命令，会弹出一个表设计的窗口（此窗口与创建表的窗口是一样的），选择"索引"选项卡，如图 6－3 所示。

图 6－3　表设计窗口的"索引"选项卡

☑ **说明**

1）索引类型有4种，分别是 FULLTEXT（全文索引）、NORMAL（普通索引）、SPATIAL（空间索引）、UNIQUE（唯一索引）。

2）主键索引 PRIMARY 在设置主键时会自动创建

步骤2：在表设计窗口的"索引"选项卡中，单击工具栏上的"添加索引"按钮，分别设置字段、索引类型、索引方法等属性。字段属性设置如图6-4所示，勾选"phone"复选框。单击工具栏上的"保存"按钮，操作结果如图6-5所示。

图6-4 字段属性设置

图6-5 在 Navicat 窗口中给 student 表的联系电话 phone 字段添加索引

✓ **说明**

1)"名"属性的值可以不设置,保存后系统会自动设置。

2)勾选多个"字段"属性的值,就是把多个字段组合设置为索引,即多列索引。

3. 删除索引

下面删除在学生(student)表的联系电话(phone)字段上创建的索引 phone。

步骤 1:在"Navicat Premium"窗口中,依次打开"hn"→"student_score"→"表",在"student"上右击,选择"设计表"命令,会弹出一个表设计窗口(此窗口与创建表的窗口是一样的),选择"索引"选项卡。

步骤 2:在表设计窗口中找到名为"phone"的索引行,选中"phone"后右击,选择"删除索引"命令,如图 6-6 所示。

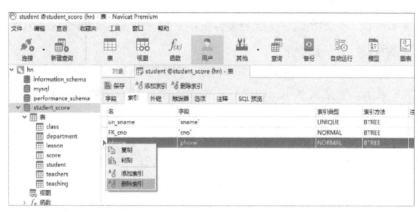

图 6-6 在 Navicat 窗口中删除索引

任务 2 使用 SQL 语句创建、管理索引

【任务描述】

本任务主要介绍使用 SQL 语句实现索引的创建、管理等操作。

【知识准备】

1. 使用 CREATE INDEX 语句创建索引

使用 CREATE INDEX 语句可以在一个已有的表上创建索引,该语句不能创建主键索引。

使用 CREATE INDEX 语句创建索引的语法格式如下:

```
CREATE [ <索引类型> ] INDEX [ <索引名> ]
    ON <表名> ( <列名> [ <长度> ] [ ASC |DESC],…);
```

✔ **说明**

1）索引名：指定索引名。一个表可以创建多个索引，但每个索引在该表中的名称是唯一的。

2）表名：指定要创建索引的表名。

3）列名：指定要创建索引的列名。通常可以考虑将查询语句中的 JOIN 子句和 WHERE 子句里经常出现的列作为索引列。

4）长度：可选项。指定使用列前的字符来创建索引。使用列的一部分创建索引有利于减小索引文件的大小，节省索引列所占的空间。在某些情况下，只能对列的前缀进行索引。索引列的长度有一个最大上限，即 255 个字节（MyISAM 和 InnoDB 表的最大上限为 1000 个字节）。如果索引列的长度超过了这个上限，就只能用列的前缀进行索引。另外，BLOB 或 TEXT 类型的列也必须使用前缀索引。

5）ASC | DESC：可选项。ASC 指定索引按照升序来排列，DESC 指定索引按照降序来排列，默认为 ASC。

6）索引类型：可选项。值可以是 UNIQUE、FULLTEXT。UNIQUE 表示创建唯一性索引；FULLTEXT 表示创建全文索引。CREATE INDEX 语句并不能创建主键。

2. 使用 ALTER TABLE 语句创建索引

CREATE INDEX 语句可以在一个已有的表上创建索引，ALTER TABLE 语句也可以在一个已有的表上创建索引。在使用 ALTER TABLE 语句修改表的同时，可以向已有的表添加索引。具体的做法是，在 ALTER TABLE 语句中添加某一项或几项语法成分。

使用 ALTER TABLE 语句创建索引的语法格式如下：

```
ALTER TABLE <表名>
ADD INDEX [<索引名>][<索引类型>](<列名>,…)                    #添加索引
ADD PRIMARY KEY [<索引类型>](<列名>,…)                        #添加主键
ADD UNIQUE [INDEX |KEY][<索引名>][<索引类型>](<列名>,…)   #添加唯一索引
ADD FOREIGN KEY [<索引名>](<列名>,…)                          # 添加外键
```

3. 使用 CREATE TABLE 语句创建索引

索引也可以在创建表（CREATE TABLE）的同时创建，在 CREATE TABLE 语句中添加索引的语法格式如下：

```
CREATE TABLE <表名> (<列名>,… | [索引项]);
```

其中，[索引项] 的语法格式如下：

```
PRIMARY KEY [索引类型] ( <列名 >,…);                      # 主键索引
KEY | INDEX [ <索引名 >] [ <索引类型 >] ( <列名 >,…)       # 普通索引
UNIQUE [ INDEX |KEY] [ <索引名 >] [ <索引类型 >] ( <列名 >,…)   # 唯一索引
FULLTEXT[ INDEX |KEY] [ <索引名 >] [ <索引类型 >] ( <列名 >,…)   # 全文索引
FOREIGN KEY <索引名 > <列名 >                            # 外键
```

✔ **说明**

1）在使用 CREATE TABLE 语句定义列选项时，可以通过直接在某个列定义后面添加 PRIMARY KEY 的方式创建主键。而当主键是由多个列组成的多列索引时，则不能使用这种方法，只能通过在语句的最后加上一个 PRIMARY KEY （ <列名 >，… ） 子句的方式来实现。

2）创建普通索引时，通常使用 INDEX 关键字。

4. 使用 DROP INDEX 删除索引

删除索引是指将表中已经存在的索引删除。不用的索引建议进行删除，因为它们会降低表的更新速度，影响数据库的性能。

在 MySQL 中修改索引时，可以先删除原索引，再根据需要创建一个同名的索引。

当不再需要索引时，可以使用 DROP INDEX 语句或 ALTER TABLE 语句来对索引进行删除。

使用 DROP INDEX 语句删除索引的语法格式如下：

```
DROP INDEX <索引名 > ON <表名 >
```

✔ **说明**

1）索引名：要删除的索引名
2）表名：指定该索引所在的表名

5. 使用 ALTER TABLE 删除索引

根据 ALTER TABLE 语句的语法可知，该语句可以用于删除索引。

使用 ALTER TABLE 语句删除索引的语法格式如下：

ALTER TABLE < 表名 >DROP PRIMARY KEY DROP INDEX index_name。

DROP INDEX index_name：表示删除名称为 index_name 的索引。

✔ **说明**

如果删除的列是索引的组成部分，那么删除该列时，也会将该列从索引中删除；如果组成索引的所有列都被删除，那么整个索引将被删除。

【任务实施】

1. 创建索引

(1) 给课程 (lesson) 表创建索引

1) 为课程 (lesson) 表的课程名 (lname) 建立一个升序索引 IX_lesson_lname。

步骤1：在工具栏上单击"新建查询"按钮，打开一个空白的.sql文件，输入以下SQL语句：

```
CREATE INDEX IX_lesson_lname ON lesson (lname ASC);
```

或

```
ALTER TABLE lesson
ADD INDEX IX_lesson_lname (lname ASC);
```

步骤2：选中以上语句，单击"运行已选择的"按钮，执行SQL语句，索引添加成功。

步骤3：执行以下语句查看索引，运行结果如图6-7所示。

```
SHOW INDEX FROM lesson;
```

2) 根据课程 (lesson) 表的课程名 (lname) 字段的前6个字符建立一个降序索引 IX_lesson_lname_six

步骤1：在工具栏上单击"新建查询"按钮，打开一个空白的.sql文件，输入以下SQL语句：

```
CREATE INDEX IX_lesson_lname_six ON lesson (lname (6) DESC);
```

或

```
ALTER TABLE lesson
ADD INDEX IX_lesson_lname_six (lname (6) DESC);
```

步骤2：选中以上语句，单击"运行已选择的"按钮，执行SQL语句，索引添加成功。

步骤3：执行以下语句查看索引，运行结果如图6-7所示。

```
SHOW INDEX FROM lesson;
```

3) 根据课程 (lesson) 表的课程号 (lno) 和课程名 (lname) 字段建立一个唯一索引 IX_lesson_lno_lname

步骤1：在工具栏上单击"新建查询"按钮，打开一个空白的.sql文件，输入以下SQL语句：

```
CREATE UNIQUE INDEX IX_lesson_lno_lname ON lesson(lno,lname);
```

或

```
ALTER TABLE lesson
ADD UNIQUE INDEX IX_lesson_lno_lname ON lesson (lno, lname);
```

步骤 2：选中以上语句，单击"运行已选择的"按钮，执行 SQL 语句，索引添加成功。

步骤 3：执行以下语句查看索引，运行结果如图 6-7 所示。

```
SHOW INDEX FROM lesson;
```

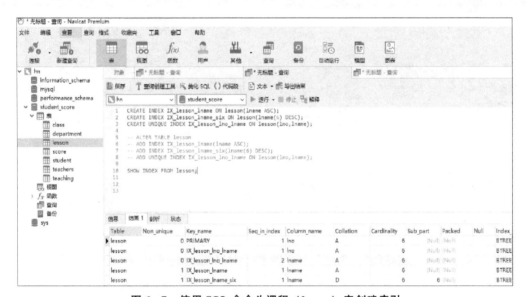

图 6-7　使用 SQL 命令为课程（lesson）表创建索引

（2）创建课程（lesson_copy）表以及索引

根据课程（lesson）表的结构创建表 lesson_copy，设置 lno 和 lname 为联合主键，并在 lname 上创建唯一索引 IX_lesson_copy_lname。

步骤 1：在工具栏上单击"新建查询"按钮，打开一个空白的 .sql 文件，输入以下 SQL 语句。

```
CREATE TABLE lesson_copy (
 lno VARCHAR (10) not null,
 lname VARCHAR (20) not null,
 credit TINYINT CHECK (credit < =10),
 type VARCHAR (20) DEFAULT '必修课',
 PRIMARY KEY (lno, lname),
 INDEX IX_lesson_copy_lname (lname ASC)
);
```

步骤 2：选中以上语句，单击"运行已选择的"按钮，执行 SQL 语句，索引添加成功。

步骤 3：执行以下语句查看索引，运行结果如图 6-8 所示。

```
SHOW INDEX FROM lesson_copy;
```

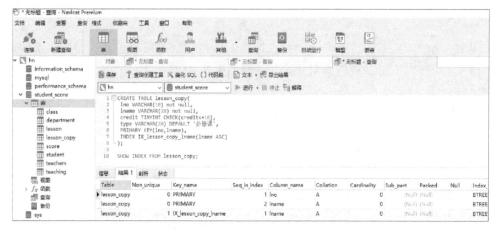

图 6-8　使用 SQL 命令创建课程 lesson_copy 表以及索引

2. 删除索引

（1）删除课程（lesson）表中的索引

将课程（lesson）表中名为 IX_lesson_lname、IX_lesson_lname_six 和 IX_lesson_lno_lname 的索引删除。

步骤 1：在工具栏上单击"新建查询"按钮，打开一个空白的 .sql 文件，输入以下 SQL 语句。

```
DROP INDEX IX_lesson_lname ON lesson;
DROP INDEX IX_lesson_lname_six ON lesson;
DROP INDEX IX_lesson_lno_lname ON lesson;
```

或

```
ALTER TABLE lesson
DROP INDEX IX_lesson_lname,
DROP INDEX IX_lesson_lname_six,
DROP INDEX IX_lesson_lno_lname;
```

步骤 2：选中以上语句，单击"运行已选择的"按钮，执行 SQL 语句，索引删除成功。

（2）删除课程（lesson_copy）表中的索引

步骤 1：在工具栏上单击"新建查询"按钮，打开一个空白的 .sql 文件，输入以下 SQL 语句。

```
SHOW INDEX FROM lesson_copy;        # 先查看所有的索引
ALTER TABLE lesson_copy
DROP PRIMARY KEY,
DROP INDEX IX_lesson_copy_lname;
```

步骤2：选中以上语句，单击"运行已选择的"按钮，执行 SQL 语句，索引删除成功。

课后练习

1. 使用图形化管理工具创建、删除索引。

1）对部门（departments）表的部门名称（bname）字段创建普通索引 IX_dep_bname。

2）对职工（employees）表的姓名（ename）和出生日期（birthday）字段创建复合索引 IX_emp_name_birth。

3）对职工（employees）表的职工编号（eno）字段创建唯一索引 UQ_emp_eno。

4）删除索引 IX_dep_bname、IX_emp_name_birth 和 UQ_emp_eno。

2. 使用 SQL 语句创建、查看和删除索引。

1）对部门（departments）表的部门名称（bname）字段创建普通升序索引 IX_dep_bname。

2）对职工（employees）表的姓名（ename）和出生日期（birthday）字段创建复合索引 IX_emp_name_birth。

3）对职工（employees）表的职工编号（eno）字段创建唯一降序索引 UQ_emp_eno。

4）查看职工（employees）表和部门（departments）表的所有索引。

5）删除索引 IX_dep_bname、IX_emp_name_birth 和 UQ_emp_eno。

项目 7 ▶ 学生成绩管理系统中视图的操作

知识目标

- 理解视图的功能和作用。
- 掌握使用图形化管理工具创建、维护、删除视图的方法。
- 掌握使用 SQL 语句创建、维护、删除视图的方法。

能力目标

- 能使用图形化管理工具创建、维护、删除视图
- 能使用 SQL 语句创建、维护、删除视图

任务 1　使用图形化管理工具创建、维护和删除视图

【任务描述】

用户需要查询学生的相关信息，信息存放在多个基本表中，每个基本表中都包含若干列。用户可以创建视图，根据需求将不同表中的相应列放在一个集合中，实现数据操作。本任务主要介绍在 Navicat 中实现视图的创建、维护和删除操作。

【知识准备】

1. 视图概念

MySQL 视图（View）是一种虚拟存在的表。同真实表（也叫基本表）一样，视图也由列和行构成，但视图并不实际存在于数据库中。行和列的数据来自于定义视图的查询中所使用的表，并且还是在使用视图时动态生成的。

数据库只存放了视图的定义，并没有存放视图中的数据，这些数据存放在定义视图查询所引用的真实表中。使用视图查询数据时，数据库会从真实表中取出对应的数据。因此，视图中的数据是依赖于真实表中的数据的。一旦真实表中的数据发生改变，那么显示在视图中的数据也会发生改变。

视图可以从原有的表上选取对用户有用的信息，那些对用户没用的信息或者用户没有权限了解的信息，都可以直接屏蔽掉，作用类似于筛选。这样做既使应用简单化，也保证了系统的安全。

视图一经定义后，就可以像表一样被查询、修改、删除和更新。

2. 视图与数据表（基本表）的区别

视图并不同于数据表，它们的区别在于以下几点。

1）视图不是数据库中真实的表，而是一张虚拟表，其结构和数据是建立在对数据中真实表的查询基础上的。

2）存储在数据库中的查询操作 SQL 语句定义了视图的内容，列数据和行数据来自于视图查询所引用的实际表，引用视图时动态生成这些数据。

3）视图没有实际的物理记录，不是以数据集的形式存储在数据库中的，它所对应的数据实际上是存储在视图所引用的真实表中的。

4）视图是数据的窗口，而表是内容。表是实际数据的存放单位，而视图只是以不同的显示方式展示数据，其数据来源还是实际表。

5）视图是查看数据表的一种方法，可以查询数据表中某些字段构成的数据，只是一些 SQL 语句的集合。从安全的角度看，视图的数据安全性更高，使用视图的用户不接触数据表，不知道表结构。

6）视图的建立和删除只影响视图本身，不影响对应的数据表。

3. 视图的优点

视图与数据表在本质上虽然不相同，但视图经过定义，其结构形式和表一样，可以进行查询、修改、更新和删除等操作。同时，视图具有如下优点。

1）定制用户数据，聚焦特定的数据。在实际的应用过程中，不同的用户可能对不同的数据有不同的要求。

2）简化数据操作。在使用查询时，很多时候要使用聚合函数，同时还要显示其他字段的信息，可能还需要关联到其他表，语句可能会很长。如果这个动作频繁发生，则可以创建视图来简化操作。

3）提高数据的安全性。视图是虚拟的，物理上是不存在的。可以只授予用户视图的权限，而不具体指定使用表的权限，来保护基础数据的安全。

4）共享所需数据。通过使用视图，用户不必定义和存储自己所需的数据，可以共享数据库中的数据，同样的数据只需要存储一次。

5）更改数据格式。使用视图可以重新格式化检索出的数据，并组织输出到其他应用程序中。

6）方便重用。视图提供的是对查询操作的封装，本身不包含数据，所呈现的数据是根据视图定义从基础表中检索出来的。如果对基础表中的数据进行了新增或删除，则视图呈现的也是更新后的数据。视图定义后，编写完所需的查询语句，可以方便地重用该视图。

4. 视图的缺点

1）性能。从数据库视图查询数据可能会很慢，特别是如果视图是基于其他视图创建的。

2）表依赖关系。将根据数据库的基础表创建一个视图。每当更改与其相关联的表的结构时，都必须更改视图。

5. 可更新视图

要通过视图更新基本表数据，就必须保证视图是可更新视图，即可以在 INSERT、UPDATE 或 DELETE 等语句当中使用它们。对于可更新视图，视图中的行和基本表中的行之间必须具有一对一的关系。如果视图包含下述结构中的任何一种，那么它就是不可更新的。

1）聚合函数。

2）DISTINCT 关键字。

3）GROUP BY 子句。

4）ORDER BY 子句。

5）HAVING 子句。

6）UNION 运算符。

7）位于选择列表中的子查询。

8）FROM 子句中包含多个表。

9）SELECT 语句中引用了不可更新视图。

10）WHERE 子句中的子查询，引用 FROM 子句中的表。

6. 使用视图的注意事项

使用视图的时候，还应该注意以下几点。

1）创建视图需要足够的访问权限。

2）创建视图的数量没有限制。

3）视图可以嵌套，即从其他视图中检索数据的查询来创建视图。

4）视图不能索引，也不能有关联的触发器、默认值或规则。

5）视图可以和表一起使用。

6）视图不包含数据，所以每次使用视图时，都必须执行查询中所需的任何一个检索操作。如果用多个连接和过滤条件创建了复杂的视图或嵌套了视图，则可能会发现系统运行性能下降得十分严重。因此，在部署大量视图应用时，应该进行系统测试。

【任务实施】

1. 创建视图

（1）创建视图 v_stu，存放学生基本信息，包括学号、姓名、性别、联系电话

步骤 1：在 "Navicat Premium" 窗口中，依次打开 "hn" → "student_score"，在 "视图" 上右击，选择 "新建视图"，会弹出创建视图的窗口，如图 7-1 所示。

图 7－1　创建视图窗口

步骤2：在工具栏上单击"视图创建工具"，会弹出视图创建工具窗口，如图 7－2 所示。

图 7－2　视图创建工具窗口

步骤3：从左边选择 student 表，按住鼠标左键拖到右侧窗口中间后释放，显示出表的所有字段，勾选学号、姓名、性别和联系电话，如图 7－3 所示。

图 7－3　选择基本表并勾选需要的字段

步骤4：单击"构建并运行"按钮，会关闭视图创建工具窗口，回到创建视图窗口，显示创建视图后运行的结果，如图7-4所示。

图7-4　创建视图后的运行结果

步骤5：单击"保存"按钮，命名为 v_stu，如图7-5所示。

图7-5　保存视图

步骤6：单击"确定"按钮保存视图，在窗口右边展开"视图"，看到创建的视图 v_stu，如图7-6所示。

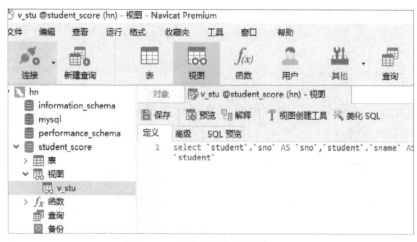

图7-6 查看已创建的视图 v_stu

（2）创建视图 v_class，存放学生班级信息，包括学号、姓名、班级名称、班主任

步骤1：在"Navicat Premium"窗口中，依次打开"hn"→"student_score"，在"视图"上右击，选择"新建视图"命令。

步骤2：在工具栏上单击"视图创建工具"，添加所需的基本表 class、student，勾选需要的字段学号 sno、姓名 sname、班级名称 cname 和班主任 cdirector，在窗口中间的下侧为每个字段设置别名，如图7-7所示。

步骤3：单击"构建并运行"按钮后，单击"保存"按钮保存视图 v_class，完成视图的创建。

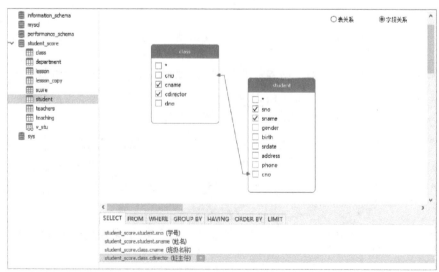

图7-7 创建视图 v_class

2. 在视图上创建视图

（1）查询视图 v_class

步骤1：在工具栏上单击"新建查询"按钮，打开空白的 .sql 文件，输入以下 SQL 语句：

```
SELECT * FROM v_class;
```

步骤2：选中以上语句，单击"运行已选择的"按钮，执行 SQL 语句，运行结果如图7-8所示。

图7-8 查询视图 v_class 的运行结果

（2）在视图 v_class 的基础上创建新的视图 v_class2，存放班主任为姓张的班级信息

步骤1：在"Navicat Premium"窗口中，依次打开"hn"→"student_score"，在"视图"上右击，选择"新建视图"命令。

步骤2：在工具栏上单击"视图创建工具"，把 v_class 视图拖到窗口中间，勾选所有的字段，在窗口中间的下侧单击"+"按钮添加条件，单击"="按钮设置为"类似"，单击"类似"左边的值选择"班主任"，单击"类似"右边的值设置为"张%"，如图7-9所示。

步骤3：单击"构建并运行"按钮后，单击"保存"按钮保存视图 v_class2，完成视图的创建。

图 7 - 9　在视图 v_class 上创建新的视图 v_class2

3. 修改视图

修改视图 v_stu 信息，增加家庭地址 address 列，删除性别 gender 列。

步骤 1：在 "Navicat Premium" 窗口中，依次打开 "hn" → "student_score" → "视图"，在 "v_stu" 视图上右击，选择 "设计视图" 命令。

步骤 2：在工具栏上单击 "视图创建工具"，勾选新加的列 address，取消选择 gender 列，在窗口中间的下侧为每个字段设置别名，如图 7 - 10 所示。

步骤 3：单击 "构建并运行" 按钮后，单击 "保存" 按钮保存视图，完成视图的修改。

图 7 - 10　修改视图 v_stu

4. 删除视图

下面删除视图 v_class2。

在 "Navicat Premium" 窗口中，依次打开 "hn" → "student_score" → "视图"，在视图 "v_class2" 上右击，选择 "删除视图" 命令，如图 7 - 11 所示。

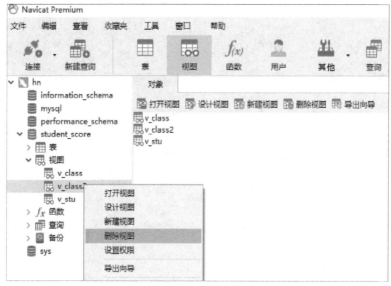

图 7-11　删除视图

任务 2　使用 SQL 语句创建、维护和删除视图

【任务描述】

本任务主要介绍使用 SQL 语句实现视图的创建、修改和删除等操作。

【知识准备】

1. 使用 CREATE VIEW 语句创建视图

使用 CREATE VIEW 语句创建视图的语法格式如下：

```
CREATE [OR REPLACE] VIEW <视图名>[(列名列表)]
    AS <SELECT 语句>
        [WITH[CASCADED|LOCAL]CHECK OPTION]
```

✎ 说明

1）视图名：指定视图的名称。该名称在数据库中必须是唯一的，不能与其他表或视图同名。

2）列名列表：为视图的列定义明确的名称，可使用可选的列名列表子句，列出由逗号隔开的列名。

3）OR REPLACE：给定 OR REPLACE 子句，语句能替换已有的同名视图。

4）SELECT 语句：指定创建视图的 SELECT 语句，可用于查询多个基本表或源视图。

5）WITH CHECK OPTION：指出在可更新的视图上进行的修改都要符合 SELECT 语句所指定的限制条件，这样可确保通过视图看到修改的数据。当视图根据另一个视图定义时，WITH CHECK OPTION 给出 CASCADED 和 LOCAL 两个参数。它们决定检查测试范围。LOCAL 只对定义的视图进行检查，CASCADED 则会对所有视图进行检查。默认为 CASCADED。

注意事项

1）视图的命名必须遵守标识符命名规则，不能与表同名。每个用户视图名都应是唯一的，即对不同的用户，即使定义相同的视图，也必须使用不同的名字。

2）不能把规则、默认值或触发器与视图相关联。

3）不能在视图上建立任何索引，包括全文索引。

4）对于创建视图的 SELECT 语句，存在以下限制：

①用户除了拥有 CREATE VIEW 权限外，还具有操作涉及的基本表和其他视图的相关权限。

②SELECT 语句不能引用系统或用户变量。

③SELECT 语句不能包含 FROM 子句中的子查询。

④SELECT 语句不能引用预处理语句参数。

2. 使用 ALTER VIEW 语句修改视图

修改视图是指修改 MySQL 数据库中存在的视图。当基本表的某些字段发生变化时，可以通过修改视图来保持与基本表的一致性。

使用 ALTER VIEW 语句修改视图的语法格式如下：

```
ALTER VIEW <视图名> AS <SELECT 语句>
```

说明

1）视图名：指定视图的名称。该名称在数据库中必须是唯一的，不能与其他表或视图同名。

2）SELECT 语句：指定创建视图的 SELECT 语句，可用于查询多个基本表或源视图。

3. 使用 DROP VIEW 语句删除视图

可以使用 DROP VIEW 语句来删除视图，语法格式如下：

```
DROP VIEW <视图名 1> [，<视图名 2> …];
```

说明

1）视图名：指定要删除的视图名。

2）DROP VIEW 语句可以一次删除多个视图，但是必须在每个视图上拥有 DROP 权限。

4. 查看视图定义

查看视图有 3 种方式。

(1) DESCRIBE 语句

使用 DESCRIBE 语句可以查看视图的字段信息，包括字段名、字段类型等信息，语法格式如下：

```
DESCRIBE <视图名>;
```

或者简写：

```
DESC <视图名>;
```

(2) SHOW TABLE STATUS 语句

使用 SHOW TABLE STATUS 语句可以查看视图的基本信息，语法格式如下：

```
SHOW TABLE STATUS LIKE <视图名>;
```

✔ **说明**

1）LIKE：表示后面匹配的是字符串。

2）视图名：表示要查看的视图名称，视图名称需要使用单引号括起来。

(3) SHOW CREATE VIEW 语句

使用 SHOW CREATE VIEW 语句可以查看视图定义以及字符编码，语法格式如下：

```
SHOW CREATE VIEW <视图名>;
```

【任务实施】

1. 创建视图

(1) 创建教师信息视图 v_teacher

创建视图 v_teacher，包括教师的工号 tno、姓名 tname、性别 sex、所属部门名称 dname 等信息。

步骤 1：在工具栏上单击"新建查询"按钮，打开空白的 .sql 文件，输入以下 SQL 语句。

```
CREATE VIEW v_teacher
AS
SELECT tno,tname,sex,dname
FROM teacher JOIN department ON teacher.dno = department.dno;
```

步骤 2：选中以上语句，单击"运行已选择的"按钮，执行 SQL 语句，完成视图 v_ teacher 的创建。

（2）创建信息工程系学生信息视图 v_stu_xxgc

创建视图 v_stu_xxgc，包括信息工程系学生的学号、姓名、性别、年龄、班级名称等信息。

步骤 1：在工具栏上单击"新建查询"按钮，打开一个空白的 .sql 文件，输入以下 SQL 语句。

```
CREATE VIEW v_stu_xxgc
AS
SELECT sno,sname,gender,(YEAR(NOW()) - YEAR(birth))as age,cname
FROM student join class on student.cno = class.cno
          join department on class.dno = department.dno
WHERE department.dname = '信息工程系';
```

步骤 2：选中以上语句，单击"运行已选择的"按钮，执行 SQL 语句，运行结果如图 7 – 12所示。

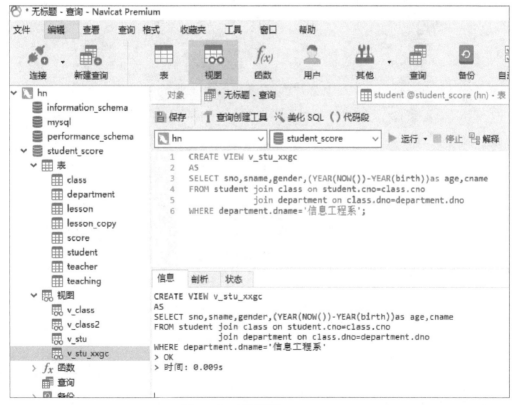

图 7 – 12 创建视图 v_stu_xxgc

（3）创建视图 v_stu_count，统计信息工程系各班级人数

创建信息工程系各班级人数视图 v_stu_count，包括班级名称、人数等信息。

步骤1：在工具栏上单击"新建查询"按钮，打开空白的 .sql 文件，输入以下 SQL 语句。

```
CREATE VIEW v_stu_count
AS
SELECT cname, count (sno)
FROM v_stu_xxgc
GROUP BY cname;
```

✔ **说明**

创建信息工程系学生信息视图 v_stu_xxgc 后，可以直接从 v_stu_xxgc 视图中查询信息生成新的视图。

步骤2：选中以上语句，单击"运行已选择的"按钮，执行 SQL 语句，运行结果如图 7–13所示。

图7–13　创建视图 v_stu_count

2. 操作视图

（1）查询视图

在视图 v_stu_xxgc 中查找信息工程系学生的学号 sno、姓名 sname、年龄 age。

步骤 1：在工具栏上单击"新建查询"按钮，打开空白的 .sql 文件，输入以下 SQL 语句。

```
SELECT sno,sname,age
FROM v_stu_xxgc;
```

步骤 2：选中以上语句，单击"运行已选择的"按钮，执行 SQL 语句，运行结果如图 7-14 所示。

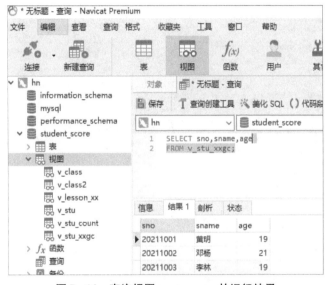

图 7-14 查询视图 **v_stu_xxgc** 的运行结果

（2）插入数据

创建视图 v_lesson_xx，视图中包含类型为"选修课"的课程信息，并向视图 v_lesson_xx 中插入一条记录：('Le0007', '数据库基础', 3, '选修课')。

步骤 1：在工具栏上单击"新建查询"按钮，打开空白的 .sql 文件，输入以下 SQL 语句来创建视图 v_lesson_xx。

```
CREATE VIEW  v_lesson_xx
AS
SELECT lno,lname,credit,type
   FROM lesson
   WHERE type ='选修课'
WITH CHECK OPTION;
```

✔ **说明**

带上 WITH CHECK OPTION，表示对视图 v_lesson_xx 的插入、修改都要符合"选修课"这个条件。

步骤 2：输入以下 SQL 语句，向视图 v_lesson_xx 中插入一条记录。

```
INSERT INTO v_lesson_xx
VALUES('Le0007','数据库基础',3,'选修课')
```

步骤 3：输入以下 SQL 语句，查询课程（lesson）表和视图 v_lesson_xx 是否都已添加了刚才插入的记录，运行结果如图 7 - 15、图 7 - 16 所示。

```
SELECT * FROM lesson;
SELECT * FROM v_lesson_xx;
```

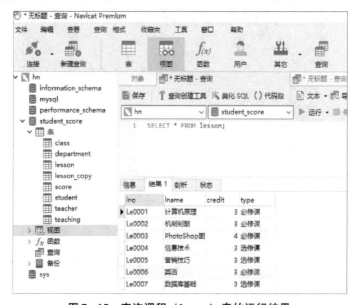

图 7 - 15　查询课程（lesson）表的运行结果

图 7 - 16　查询视图 v_lesson_xx 的运行结果

✓ **说明**

1）在视图 v_lesson_xx 和课程（lesson）表中，该记录都已经被添加了。

2）这里插入的记录类型只能是"选修课"，如插入其他类型，如"必修课"，系统会提示"1369-CHECK OPTION failed 'student_score. v_lesson_xx'"的错误信息。

3）当视图依赖的基本表有多个时，不能向该视图插入数据，因为会影响多个基本表。例如，不能向视图 v_teacher 插入数据，因为 v_teacher 依赖 department、teacher 两个基本表。

4）对 INSERT 语句还有一个限制：SELECT 语句中必须包含 FROM 子句中指定表的所有不为空的列。例如，v_lesson_xx 视图定义时不加上"lname"字段，则插入数据时会报错。

（3）修改数据

下面将视图 v_lesson_xx 中的"数据库基础"课程的学分由 3 修改为 4。

步骤 1：在工具栏上单击"新建查询"按钮，打开空白的 .sql 文件，输入以下 SQL 语句。

```
UPDATE v_lesson_xx
SET credit = 4
WHERE lname = '数据库基础';
```

执行 SQL 语句，运行结果如图 7-17 所示。

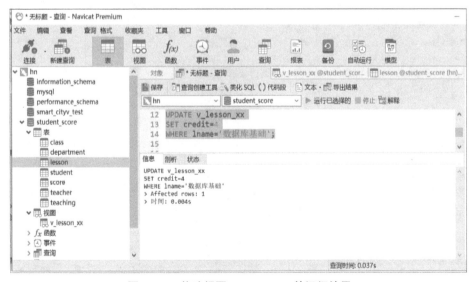

图 7-17　修改视图 v_lesson_xx 的运行结果

步骤 2：修改成功以后，选中以下语句，单击"运行已选择的"按钮，执行 SQL 语句。

```
SELECT * FROM v_lesson_xx;
```

运行结果如图 7-18 所示。

图 7-18　查看视图 v_lesson_xx

✓ **说明**

如果视图依赖于多个表，则修改该视图时每次只能变动一个基本表的数据。

将视图 v_teacher 中教师编号 tno 为 "10012" 的教师所属部门更改为 "信息工程系"，性别改为 "女"。输入如下 SQL 语句：

```
UPDATE v_teacher
SET dname = '信息工程系'
WHERE tno = '10012';
UPDATE v_teacher
SET sex = '女'
WHERE tno = '10012';
```

（4）删除数据

下面删除 v_lesson_xx 视图中 "数据库基础" 课程的记录。

步骤 1：在工具栏上单击 "新建查询" 按钮，打开空白的 .sql 文件，输入以下 SQL 语句。

```
DELETE FROM v_lesson_xx WHERE lname = '数据库基础';
```

步骤 2：选中以上语句，单击 "运行已选择的" 按钮，执行 SQL 语句，完成删除数据的操作。

✓ **说明**

对依赖多个基本表的视图，不能使用 DELETE 语句。例如，不能通过对视图 v_teacher 执行 DELETE 语句删除与之相关的基本表 teacher、department 中的数据。

3. 修改视图

修改视图 v_lesson_xx，使其只包含“选修课”的课程名 lname 和学分 credit。

步骤 1：在工具栏上单击“新建查询”按钮，打开空白的 . sql 文件，输入以下 SQL 语句。

```
ALTER VIEW v_lesson_xx
AS
SELECT lname,credit
FROM lesson
WHERE type ='选修课';
```

步骤 2：选中以上语句，单击“运行已选择的”按钮，执行 SQL 语句，完成修改视图的操作。

4. 查看视图定义

查看视图 v_teacher 定义有以下 3 种方式。

1）在命令行窗口中，输入如下命令，运行结果如图 7－19 所示。

```
USE student_score;
DESCRIBE v_teacher;
```

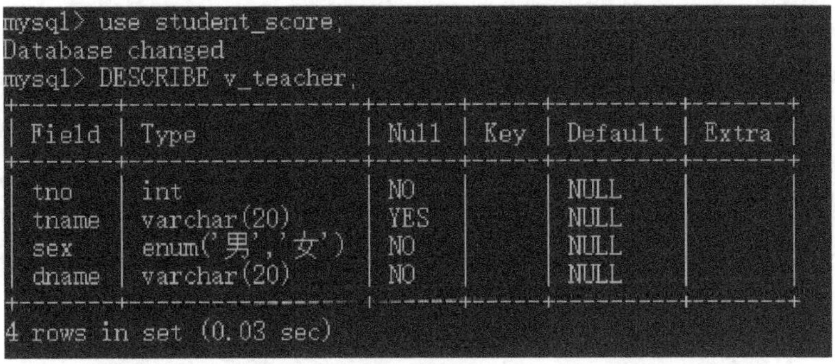

```
mysql> use student_score;
Database changed
mysql> DESCRIBE v_teacher;
+--------+---------------+------+-----+---------+-------+
| Field  | Type          | Null | Key | Default | Extra |
+--------+---------------+------+-----+---------+-------+
| tno    | int           | NO   |     | NULL    |       |
| tname  | varchar(20)   | YES  |     | NULL    |       |
| sex    | enum('男','女') | NO   |     | NULL    |       |
| dname  | varchar(20)   | NO   |     | NULL    |       |
+--------+---------------+------+-----+---------+-------+
4 rows in set (0.03 sec)
```

图 7－19　使用 DESCRIBE 语句查看 v_teacher 视图定义

说明

显示了 v_teacher 视图定义的基本信息，包括字段名、字段类型、是否为空、是否为关键字、默认值等信息。

2）在命令行窗口中，输入如下命令，运行结果如图 7－20 所示。

```
SHOW TABLE STATUS LIKE 'v_teacher' \G;
```

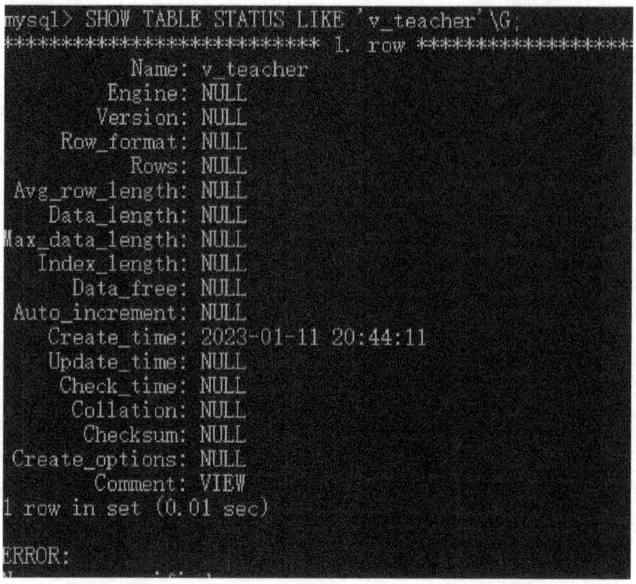
```
mysql> SHOW TABLE STATUS LIKE 'v_teacher'\G;
*************************** 1. row ***************************
           Name: v_teacher
         Engine: NULL
        Version: NULL
     Row_format: NULL
           Rows: NULL
 Avg_row_length: NULL
    Data_length: NULL
Max_data_length: NULL
   Index_length: NULL
      Data_free: NULL
 Auto_increment: NULL
    Create_time: 2023-01-11 20:44:11
    Update_time: NULL
     Check_time: NULL
      Collation: NULL
       Checksum: NULL
 Create_options: NULL
        Comment: VIEW
1 row in set (0.01 sec)

ERROR:
```

图 7-20　使用 SHOW TABLE STATUS 语句查看 v_teacher 视图定义

说明

v_teacher 视图定义显示了 teacher 表的基本信息，包括存储引擎、创建时间等，但 Comment 项没有信息，说明这是一个表，而不是视图，这就是视图和普通表最直接的区别。

3）在命令行窗口中，输入如下命令，运行结果如图 7-21 所示。

```
SHOW CREATE VIEW v_teacher \G;
```

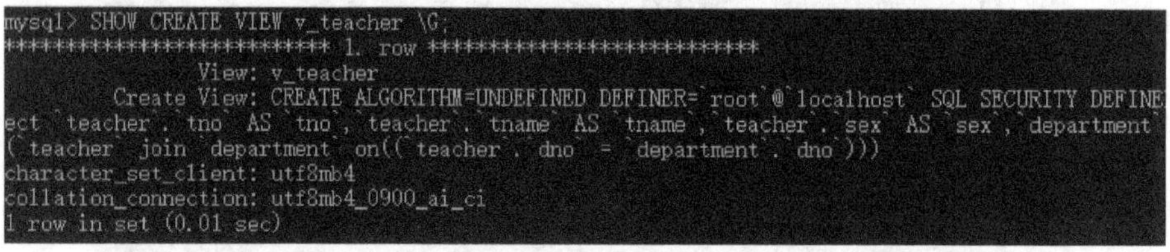
```
mysql> SHOW CREATE VIEW v_teacher \G;
*************************** 1. row ***************************
                View: v_teacher
         Create View: CREATE ALGORITHM=UNDEFINED DEFINER=`root`@`localhost` SQL SECURITY DEFINE
ect `teacher`.`tno` AS `tno`,`teacher`.`tname` AS `tname`,`teacher`.`sex` AS `sex`,`department`
(`teacher` join `department` on((`teacher`.`dno` = `department`.`dno`)))
character_set_client: utf8mb4
collation_connection: utf8mb4_0900_ai_ci
1 row in set (0.01 sec)
```

图 7-21　使用 SHOW CREATE VIEW 语句查看 v_teacher 视图定义

说明

显示了视图的名称、创建语句、字符编码等信息。

5. 删除视图

下面删除视图 v_teacher、v_lesson_xx。

步骤 1：在工具栏上单击“新建查询”按钮，打开空白的 .sql 文件，输入以下 SQL 语句。

```
DROP VIEW v_teacher, v_lesson_xx;
```

步骤 2：选中以上语句，单击"运行已选择的"按钮，执行 SQL 语句，完成删除视图的操作。

课后练习

1. 使用图形化工具创建、修改视图。

1）创建员工信息视图 v_emp，包括员工号、姓名和年龄。

2）修改员工信息视图 v_emp，在已有信息基础上增加员工的部门名。

2. 使用 SQL 语句创建、修改视图。

1）创建员工工资视图 v_salary，包括员工编号、姓名、基本工资、实发工资。

2）修改员工工资视图 v_salary，在已有信息基础上增加个人所得税，并按员工编号升序显示信息。

3）查看视图 v_salary 的定义。

3. 使用 SQL 语句通过视图插入、修改和删除数据。

1）创建"维修部"员工信息视图 v_emp_wxb，包括员工号、姓名、性别和出生日期。

2）向视图 v_emp_wxb 中插入一条记录：('E0008', '李云', '男', '1999 - 04 - 23')。

3）修改视图 v_salary，将员工"E0002"在 2022 年 10 月的个人所得税由 23.56 修改为 22.56。

4）删除 v_emp_wxb 视图中"李云"的记录。

4. 使用 SQL 语句删除、视图 v_emp、视图 v_salary 和视图 v_emp_wxb。

项目 8 ▶ 学生成绩管理系统中存储过程的操作

知识目标

- 掌握使用 SQL 语句创建、删除存储过程的方法。
- 掌握创建无参存储过程的方法。
- 掌握创建带参存储过程的方法。
- 掌握创建带流程控制的存储过程的方法。

能力目标

- 能使用 SQL 语句创建、删除存储过程。
- 能使用无参、带参的存储过程进行数据查询、维护操作。
- 能使用带流程控制的存储过程进行数据查询、维护操作。

任务 1　使用 SQL 语句创建无参的存储过程并调用

【任务描述】

在学生成绩管理系统中经常要查询学生或教师的相关信息，每次查询都要重复编写查询语句，要想实现快速查询，可以创建存储过程。

【知识准备】

1. 存储过程概述

在大型数据库系统中，存储过程和触发器具有重要的作用。无论是存储过程还是触发器，都是 SQL 语句和流程控制语句的集合。就本质而言，触发器也是一种存储过程。存储过程在运算时生成执行方式，因此以后再对其运行时，它的执行速度很快。

MySQL 是最受欢迎的开源 RDBMS 之一，被社区和企业广泛使用。但是，在它存在的第一个 10 年中，它不支持存储过程、存储函数、触发器和事件。从 MySQL 5.0 开始，这些功能被添加到 MySQL 数据库引擎中，使其更加灵活和强大。

（1）存储过程的概念

存储过程（Stored Procedure）是一组用于完成特定功能的 SQL 语句集，经编译后存储在数据库中。用户通过指定存储过程的名称并给出参数（如果该存储过程带有参数）来执行存储过程。

（2）存储过程的优点

通常，存储过程有助于提高应用程序的性能。一旦创建，存储过程就会被编译并存储在数据库中。但是，MySQL 实现的存储过程略有不同。MySQL 存储过程是按需编译的。编译存储过程后，MySQL 将其放入缓存，并为每个连接维护自己的存储过程缓存。如果应用程序在单个连接中多次使用存储过程，则使用编译版本，否则存储过程的工作方式类似于查询。存储过程有助于减少应用程序和数据库服务器之间的流量，因为应用程序只发送存储过程的名称和参数，而不发送多个冗长的 SQL 语句。

存储过程对任何应用程序都是可重用且透明的。存储过程将数据库接口公开给所有应用程序，以便开发人员不必开发存储过程中已经支持的功能。

存储过程是安全的。数据库管理员可以为访问数据库中的存储过程的应用程序授予适当的权限，而无须为基础数据库表提供任何权限。

除了这些优点之外，存储过程也有其自身的缺点。

（3）存储过程的缺点

如果使用许多存储过程，则使用这些存储过程的每个连接的内存使用量将显著增加。此外，如果在存储过程中过度使用大量逻辑操作，那么 CPU 使用率将会增加，因为数据库服务器没有对逻辑操作进行良好的设计。

存储过程的构造不是为开发复杂和灵活的业务逻辑而设计的。调试存储过程很困难。只有少数数据库管理系统允许用户调试存储过程。MySQL 没有提供调试存储过程的工具。

开发和维护存储过程并不容易。开发和维护存储过程通常需要并非所有应用程序开发人员都具备的专业技能。这可能会导致应用程序开发和维护阶段出现问题。

2. 创建存储过程

在 MySQL 中，可以使用 CREATE PROCEDURE 语句创建存储过程。创建存储过程的基本语法格式如下。

```
CREATE PROCEDURE 存储过程名([[IN |OUT | INOUT]参数名称 参数类型])
[characteristic…] routine_body
```

在上述语法格式中，存储过程的参数是可选的。使用参数时，如果参数有多个，则参数之间使用逗号分隔。参数和选项的具体含义如下。

IN：表示输入参数，该参数需要在调用存储过程时传入。

OUT：表示输出参数，初始值为 NULL，它可将存储过程中的值保存到 OUT 指定的参数中，返回给调用者。

INOUT：表示输入输出参数，既可以作为输入参数，也可以作为输出参数。

characteristic：表示存储过程中的例程可以设置的特征，其特征值如表 8 − 1 所示。

routine_body：表示存储过程中的过程体，是包含在存储过程中有效的 SQL 语句，以 BEGIN 表示过程体的开始，以 END 表示过程体的结束。如果过程体中只有一条 SQL 语句，则可以省略 BEGIN 和 END 标志。

表 8 − 1　存储过程例程的可设置特征值

特征值	描述
COMMENT' 注释信息 '	为存储过程的例程设置注释信息
LANGUAGE SQL	表示编写例程所使用的语言，默认仅支持 SQL
[NOT] DETERMINISTIC	表示例程的确定性，如果一个例程对于相同的输入参数总是产生相同的结果，那么它就被认为是"确定性的"，否则就是"非确定性的"
CONTAINS SQL	表示例程包含 SQL 语句，但不包含读或写数据的语句
NO SQL	表示例程中不包含 SQL 语句
READS SQL DATA	表示例程中包含读数据的语句
MODIFIES SQL DATA	表示例程中包含写数据的语句
SQL SECURITY DEFINER	表示只有定义者才有权执行存储过程
SQL SECURITY INVOKER	表示调用者有权执行存储过程

3. 调用存储过程

要想使用创建好的存储过程，就需要调用对应的存储过程。在 MySQL 中，存储过程通过 CALL 语句进行调用。由于存储过程和数据库相关，因此如果想要执行其他数据库中的存储过程，就需要在调用时指定数据库名称，基本语法格式如下。

CALL [数据库名称.]存储过程名称([实参列表]);

在上述语法格式中，实参列表传递的参数需要与创建存储过程的形参相对应。当形参被指定为 IN 时，实参值可以为变量或者具体的数据；当形参被指定为 OUT 或 INOUT 时，调用存储过程传递的参数必须是一个变量，用于接收返回给调用者的数据。

【任务实施】

1. 创建无参的存储过程 PD1_S1

教师经常会查询学生的学号、姓名、电话号码和家庭住址等信息（需设置别名），此时可创建存储过程 PD1_S1，并执行查询操作。

步骤 1：打开图 8 − 1 所示的界面，打开"hn"节点，单击"新建查询"按钮，新建查询窗口，在该窗口中输入以下语句。

```
CREATE PROCEDURE PD1_S1()
BEGIN
SELECT sno '学号',sname '姓名',phone '电话号码',address '家庭住址'
FROM student;
END
```

步骤 2：选中以上语句，单击"运行"按钮创建 PD1_S1 存储过程，运行结果如图 8 - 1 所示。

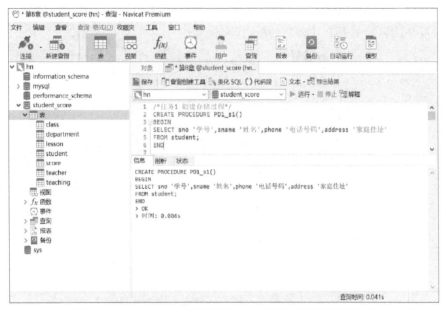

图 8 - 1　在 Navicat 工具中使用 SQL 语句创建存储过程（1）

步骤 3：打开图 8 - 2 所示的界面，在该窗口中输入以下语句调用存储过程。运行结果如图 8 - 2 所示。

```
CALL PD1_S1
```

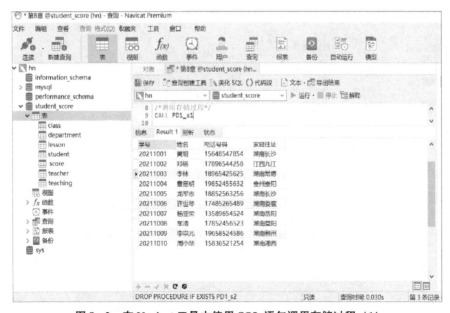

图 8 - 2　在 Navicat 工具中使用 SQL 语句调用存储过程（1）

2. 创建无参的存储过程 PD1_S2

系主任要查询"软件 2101"班的学生姓名、班级、课程名称、成绩等信息（需设置别名），此时可创建存储过程 PD1_S2，并执行查询操作。

步骤 1：打开图 8-3 所示的界面，打开"hn"节点，单击"新建查询"按钮，新建查询窗口，在该窗口中输入以下语句。

```
CREATE PROCEDURE PD1_S2()
BEGIN
SELECT sname '姓名',cname '班级',lname '课程名称',score '成绩'
FROM student s,score sc,lesson l,class c
WHERE s.sno = sc.sno AND sc.lno = l.lno AND s.cno = c.cno AND cname = '软件 2101 班';
END
```

步骤 2：选中以上语句，单击"运行"按钮创建 PD1_S2 存储过程，运行结果如图 8-3 所示。

图 8-3 在 Navicat 工具中使用 SQL 语句创建存储过程（2）

步骤 3：打开图 8-4 所示的界面，在该窗口中输入以下语句来调用存储过程，运行结果如图 8-4 所示。

```
CALL PD1_S2
```

图8-4　在 Navicat 工具中使用 SQL 语句调用存储过程（2）

任务2　使用 SQL 语句创建带参的存储过程并调用

【任务描述】

用户查询的数据相同时，可创建无参存储过程，但多数情况下，因用户需求不同，需设置不同的条件，可以创建带参的存储过程。在执行存储过程时，用实际参数代替存储过程中的形式参数，即可实现数据操作。

【知识准备】

MySQL 存储过程参数简介

用户开发的存储过程几乎都需要参数。这些参数使存储过程更加灵活和有用。在 MySQL 中，参数具有以下3种模式之一：IN、OUT 或 INOUT。

IN 是默认模式。IN 在存储过程中定义参数时，调用程序必须将参数传递给存储过程。此外，IN 参数的值受到保护。这意味着即使 IN 参数的值在存储过程内部发生更改，其原始值也会在存储过程结束后保留。换句话说，存储过程仅适用于 IN 参数的副本。

OUT 可以在存储过程内更改参数的值，并将其新值传递回调用程序。应注意，存储过程 OUT 在启动时无法访问参数的初始值。

INOUT 是 IN 和 OUT 的组合。这意味着调用程序可以传递参数，并且存储过程可以修改 INOUT 参数，并将新值传递回调用程序。

在存储过程中定义参数的语法如下。

```
MODE param_name param_type(param_size)
```

MODE 可能是 IN、OUT 或 INOUT，可根据它在存储过程中的参数来确定。param_name 是参数的名称。参数的名称必须遵循 MySQL 中列名的命名规则。param_type 则是类型。如果存储过程具有多个参数，则参数之间由逗号 "," 分隔。

【任务实施】

1. 创建带输入参数的存储过程 PD2_S1

要查询指定学生的学号、姓名、电话号码和家庭住址等信息，可创建存储过程PD2_S1，使用参数 "黄明"，并执行存储过程。

步骤1：打开图 8-5 所示的界面，打开 "hn" 节点，单击 "新建查询" 按钮，新建查询窗口，在该窗口中输入以下语句：

```
CREATE PROCEDURE PD2_S1 (IN s_name varchar(8))
 BEGIN
 SELECT sno'学号',sname'姓名',phone'电话号码',address'家庭住址'
 FROM student
 WHERE sname = s_name;
 END
```

步骤2：选中以上语句，单击 "运行" 按钮创建 PD2_S1 存储过程，运行结果如图 8-5 所示。

图 8-5 在 Navicat 工具中使用 SQL 语句创建存储过程（3）

步骤 3：打开图 8 - 6 所示的界面，在该窗口中输入以下语句来调用存储过程。运行结果如图 8 - 6 所示。

```
CALL PD2_S1 ('黄明');
```

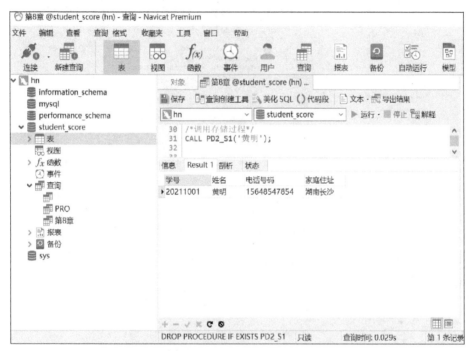

图 8 - 6　在 Navicat 工具中使用 SQL 语句调用存储过程（3）

2. 创建带输入参数的存储过程 PD2_S2

创建存储过程 PD2_S2，检索指定学生的学号、姓名、课程号、成绩信息，使用参数"黄明"，执行存储过程。

步骤 1：打开图 8 - 7 所示的界面，打开"hn"节点，单击"新建查询"按钮，新建查询窗口，在该窗口中输入以下语句：

```
CREATE PROCEDURE PD2_S2 (IN s_name varchar(8))
BEGIN
SElECT s.sno '学号',s.sname '姓名',lno '课程号',score '成绩'
FROM student s,score sc
WHERE s.sno = sc.sno AND s.sname = s_name;
END
```

步骤 2：选中以上语句，单击"运行"按钮创建存储过程，PD2_S2 存储过程创建成功，运行结果如图 8 - 7 所示。

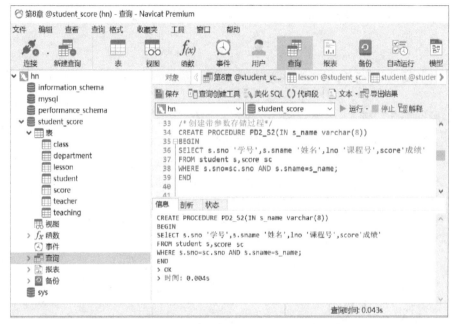

图 8-7　在 Navicat 工具中使用 SQL 语句创建存储过程（4）

步骤3：打开图8-8所示的界面，在该窗口中输入以下语句来调用存储过程，运行结果如图8-8所示。

CALL PD2＿S2（'黄明'）；

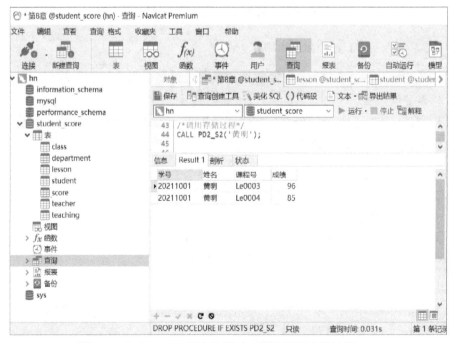

图 8-8　在 Navicat 工具中使用 SQL 语句调用存储过程（4）

3. 创建带输出参数的存储过程 PD2_S3

创建存储过程 PD2_S3，查询所有学生的人数，并调用存储过程。

步骤 1：打开图 8-9 所示的界面，打开 "hn" 节点，单击 "新建查询" 按钮，新建查询窗口，在该窗口中输入以下语句。

```
CREATE PROCEDURE PD2_S3(OUT total INT)
BEGIN
SELECT count( * )INTO total FROM student;
END
```

步骤 2：选中以上语句，单击 "运行" 按钮创建存储过程，PD2_S3 存储过程创建成功，运行结果如图 8-9 所示。

图 8-9   在 Navicat 工具中使用 SQL 语句创建存储过程（5）

步骤 3：打开图 8-10 所示的界面，在该窗口中输入以下语句来调用存储过程，运行结果如图 8-10 所示。

```
CALL PD2_S3 (@ total);
SELECT @ total;
```

图 8-10　在 Navicat 工具中使用 SQL 语句调用存储过程（5）

任务 3　使用 SQL 语句创建带流程控制的存储过程并调用

【任务描述】

程序在执行时，会按照程序结构（由业务逻辑决定）对执行流程进行控制。有序的结构主要分为顺序结构、选择结构和循环结构。其中，顺序结构会按照代码编写的先后顺序依次执行；选择结构和循环结构会根据程序的执行情况调整和控制程序的执行顺序。程序执行流程由流程控制语句进行控制，MySQL 中的流程控制语句有 IF 语句、CASE 语句、LOOP 语句、LEAVE 语句、ITERATE 语句、REPEAT 语句和 WHILE 语句等。这些语句大体可以分为3 类，分别为判断语句、循环语句和跳转语句。本任务将讲解流程控制。

【知识准备】

1. 判断语句

判断语句可以根据一些条件做出判断，从而决定执行哪些 SQL 语句。MySQL 中常用的判断语句有 IF 语句和 CASE 语句两种。

（1）IF 语句

IF 语句可以对条件进行判断，根据条件的真假来执行不同的语句，其语法格式如下：

```
IF 条件表达式 1 THEN 语句列表
[ELSEIF 条件表达式 2 THEN 语句列表]…
END IF [ELSE 语句列表]
```

在上述语法格式中，当条件表达式 1 的结果为真时，执行 THEN 子句后的语句列表；当条件表达式 1 的结果为假时，继续判断条件表达式 2，如果条件表达式 2 结果为真，则执行对应的 THEN 子句后的语句列表，以此类推。如果所有的条件表达式结果都为假，则执行 ELSE 子句后的语句列表。需要注意的是，每个语句列表中至少包含一个 SQL 语句。

（2）CASE 语句

CASE 语句也可以对条件进行判断，它可以实现比 IF 语句更复杂的条件判断。CASE 语句的语法格式有两种，具体如下：

```
# 语法格式 1
CASE 表达式
WHEN 值 1 THEN 语句列表
[WHEN 值 2 THEN 语句列表]…
[ELSE 语句列表]
END CASE
```

从上述语法格式可以看出，CASE 语句中可以有多个 WHEN 子句，CASE 后面的表达式的结果决定哪一个 WHEN 子句会被执行。当 WHEN 子句后的值与表达式的结果值相同时，执行对应的 THEN 关键字后的语句列表；如果所有 WHEN 子句后的值都和表达式的结果值不同，则执行 ELSE 后的语句列表。END CASE 表示 CASE 语句的结束。

```
# 语法格式 2
CASE 表达式
WHEN 条件表达式 1 THEN 语句列表
[WHEN 条件表达式 2 THEN 语句列表]…
[ELSE 语句列表]
END CASE
```

在上述语法格式中，当 WHEN 子句后的条件表达式结果为真时，执行对应 THEN 后的语句列表；当所有 WHEN 子句后的条件表达式都不为真时，执行 ELSE 后的语句列表。

2. 循环语句

循环语句指的是在符合条件的情况下重复执行一段代码，如计算给定区间内数据的累加和。MySQL 提供的循环语句有 LOOP、REPEAT 和 WHILE 3 种，下面分别进行介绍。

（1）LOOP 语句

LOOP 语句通常用于实现一个简单的循环，其基本语法格式如下：

```
[标签:] LOOP
      语句列表
END LOOP[标签];
```

在上述语法格式中，标签是可选参数，用于标志循环的开始和结束。标签的定义只需要符合 MySQL 标识符的定义规则即可，但两个位置的标签名称必须相同。LOOP 会重复执行语句列表，因此在循环时务必给出结束循环的条件，否则会出现死循环。LOOP 语句本身没有停止语句，如果要退出 LOOP 循环，需要使用 LEAVE 语句。

（2）REPEAT 语句

REPEAT 语句用于循环执行符合条件的语句列表，每次循环时，都会对语句中的条件表达式进行判断。如果表达式返回值为 TRUE，则结束循环，否则重复执行循环中的语句。REPEAT 语句的基本语法格式如下：

```
[标签:] REPEAT
        语句列表
        UNTIL 条件表达式
END REPEAT [标签]
```

在上述语法格式中，程序会无条件地先执行一次 REPEAT 语句中的语句列表，然后判断 UNTIL 后的条件表达式的结果是否为 TRUE。如果为 TRUE，则结束循环；如果不为 TRUE，则继续执行语句列表。

（3）WHILE 语句

WHILE 语句也用于循环执行符合条件的语句列表。但与 REPEAT 语句不同的是，WHILE 语句是先判断条件表达式，再根据判断结果确定是否执行循环内的语句列表。WHILE 语句的基本语法格式如下：

```
[标签:] WHILE 条件表达式 DO
        语句列表
END WHILE [标签]
```

在上述语法格式中，只有条件表达式为真时，才会执行 DO 后面的语句列表。语句列表执行完之后，再次判断条件表达式的结果。如果结果为真，则继续执行语句列表；如果结果为假，则退出循环。在使用 WHILE 循环语句时，可以在语句列表中设置循环进出口，以防出现死循环的现象。

3. 跳转语句

跳转语句用于实现执行过程中的流程跳转。MySQL 中常用的跳转语句有 LEAVE 语句和 ITERATE 语句，其基本语法格式如下：

```
(ITERATE|LEAVE] 标签名;
```

在上述语法格式中，ITERATE 语句用于结束本次循环的执行，开始下一轮循环的执行；而 LEAVE 语句用于终止当前循环，跳出循环体。

【任务实施】

1. 创建带流程控制的存储过程 PD3_S1

学生成绩管理系统中经常需要根据输入的学生姓名返回对应的学生信息，如果输入为空，则显示输入的值为空；如果输入的学生姓名在学生表中不存在，则显示学生不存在。技术人员决定将这个需求编写成存储过程 PD3_S1，并调用该存储过程。

步骤 1：打开图 8-11 所示的界面，打开"hn"节点，单击"新建查询"按钮，新建查询窗口，在该窗口中输入以下语句：

```
CREATE PROCEDURE PD3_S1 (in s_sname VARCHAR (8))
BEGIN
  DECLARE scount INT DEFAULT 0;
  SELECT COUNT ( * ) INTO scount FROM student WHERE sname = s_sname;
  IF s_sname IS NULL
  THEN SELECT '输入的值为空';
    ELSEIF scount = 0
    THEN SELECT '学生不存在';
  ELSE
  SELECT * FROM student WHERE sname = s_sname;
    END IF;
END
```

步骤 2：选中以上语句，单击"运行"按钮创建存储过程，PD3_S1 存储过程创建成功，运行结果如图 8-11 所示。

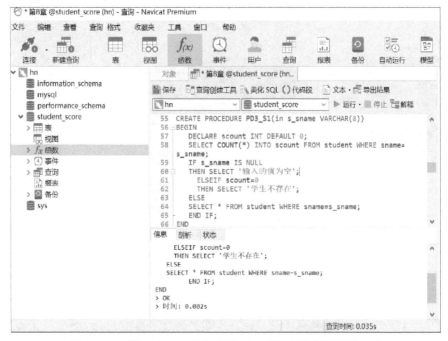

图 8-11　在 Navicat 工具中使用 SQL 语句创建存储过程（6）

步骤3：打开图8-12所示的界面，在该窗口中输入以下语句来调用存储过程，运行结果如图8-12所示。

```
CALL PD3_S1(null);
```

图8-12 在 Navicat 工具中使用 SQL 语句调用存储过程 (6)

步骤4：在该窗口中输入以下语句来调用存储过程，运行结果如图8-13所示。

```
CALL PD3_S1('黄明');
```

图8-13 在 Navicat 工具中使用 SQL 语句调用存储过程 (7)

调用存储过程时，如果传递的参数为 null，则显示输入的值为空；如果输入的学生姓名在学生表中不存在，则显示学生不存在；如果学生姓名在学生表中存在，则显示学生对应的信息。

2. 创建带流程控制的存储过程 PD3_S2

创建存储过程 PD3_S2，在存储过程中实现 0 ~ 9 的整数的累加计算，并调用存储过程。

步骤 1：打开图 8 – 14 所示的界面，打开"hn"节点，单击"新建查询"按钮，新建查询窗口，在该窗口中输入以下语句。

```
CREATE PROCEDURE PD3_S2()
BEGIN
DECLARE i,sum INT DEFAULT 0;
  sign:LOOP
  IF i > =10 THEN
  SELECT i,sum;
  LEAVE sign;
  ELSE
  SET sum = sum + i;
  SET i = i +1;
END IF;
END LOOP sign;
END
```

步骤 2：选中以上语句，单击"运行"按钮创建存储过程，PD3_S2 存储过程创建成功，运行结果如图 8 – 14 所示。

图 8–14　在 Navicat 工具中使用 SQL 语句创建存储过程（7）

步骤 3：打开图 8 – 15 所示的界面，在该窗口中输入以下语句来调用存储过程，运行结果如图 8 – 15 所示。

```
CALL PD3_S2 ();
```

图 8 – 15　在 Navicat 工具中使用 SQL 语句调用存储过程（8）

上述程序定义了一个存储过程 PD3_S2。在存储过程 PD3_S2 中，定义了局部变量 i 和 sum 并分别设置默认值为 0，然后在 LOOP 语句中判断 i 的值是否大于或等于 10。如果是，则输出 i 和 sum 当前的值并退出循环；如果不是，则将 i 的值累加到 sum 变量中，并对 i 进行自增 1，然后再次执行 LOOP 语句中的内容。存储过程通过 LOOP 语句实现了 0 ~ 9 的累加计算。

3. 创建带流程控制的存储过程 PD3_S3

创建存储过程 PD3_S3，实现计算 5 以下的正偶数的累加和，并调用存储过程。

步骤 1：打开图 8 – 16 所示的界面，打开"hn"节点，单击"新建查询"按钮，新建查询窗口，在该窗口中输入以下语句。

```
CREATE PROCEDURE PD3_S3()
  BEGIN
  DECLARE num INT DEFAULT 0;
 my_loop:LOOP
    SET num = num + 2;
    IF num < 5
        THEN ITERATE my_loop;
    ELSE SELECT num;LEAVE my_loop;
    END IF;
 END LOOP my_loop;
 END
```

步骤 2：选中以上语句，单击"运行"按钮创建存储过程，PD3_S3 存储过程创建成功，运行结果如图 8-16 所示。

图 8-16　在 Navicat 工具中使用 SQL 语句创建存储过程（8）

步骤 3：上述程序定义了一个存储过程 PD3_S3。在该存储过程中，首先定义了局部变量 num 并设置 num 的默认初始值为 0；接着执行 LOOP 语句，LOOP 语句列表中执行的顺序为先设置 num 的值自增 2，然后判断 num 的值是否小于 5。如果是，则使用 ITERATE 语句结束当前顺序并执行下一轮循环；如果不是，则查询 num 的值并跳出 my_loop 循环。存储过程 PD3_S3 通过 LEAVE 语句和 ITERATE 语句控制循环的跳转。打开图 8-17 所示的界面，在该窗口中输入以下语句来调用存储过程，运行结果如图 8-17 所示。

```
CALL PD3_S3();
```

图 8-17　在 Navicat 工具中使用 SQL 语句调用存储过程（9）

从上述执行结果可以看出，LOOP 循环结束后 num 的值为 6。

任务 4　使用 SQL 语句对存储过程进行维护

【任务描述】

当创建存储过程以后,可以对存储过程进行维护,主要包括查看、修改、删除存储过程。下面使用 SQL 语句对存储过程进行维护。

【知识准备】

1. 查看存储过程

存储过程创建之后,用户可以使用 SHOW PROCEDURE STATUS 语句和 SHOW CREATE PROCEDURE 语句分别显示存储过程的状态信息及创建信息,也可以在 information_ schema 数据库下的 Routines 表中查询存储过程的信息。下面使用这 3 种方法查看存储过程的信息。

(1) 使用 SHOW PROCEDURE STATUS 语句显示存储过程的状态信息

使用 SHOW PROCEDURE STATUS 语句可以显示存储过程的状态信息,如存储过程名称、类型、创建者及修改日期。使用 SHOW PROCEDURE STATUS 语句显示存储过程状态信息的基本语法格式如下:

```
SHOW PROCEDURE STATUS [LIKE 'pattern']
```

在上述语法格式中,PROCEDURE 表示存储过程;LIKE 'pattern' 表示匹配存储过程的名称。

(2) 使用 SHOW CREATE PROCEDURE 语句显示存储过程的创建信息

使用 SHOW CREATE PROCEDURE 语句可以显示存储过程的创建语句等信息,其基本语法格式如下:

```
SHOW CREATE PROCEDURE 存储过程名;
```

在上述语法格式中,PROCEDURE 表示存储过程,存储过程名为显示创建信息的存储过程名称。

(3) 从 information_schema. Routines 表中查看存储过程的信息

在 MySQL 中,存储过程的信息存储在 information_ schema 数据库下的 Routines 表中,可以通过查询该表的记录获取存储过程的信息,查询语句如下:

```
SELECT * FROM information_schema. Routines
WHERE ROUTINE_NAME = 'pro_emp' AND ROUTINE_TYPE = 'PROCEDURE' \ G
```

需要注意的是，information_schema 数据库下的 Routines 表存储着所有存储过程的定义。使用 SELECT 语句查询 Routines 表中某一存储过程的信息时，一定要使用 ROUTINE_NAME 字段指定存储过程的名称，否则将查询出所有存储过程的定义。如果存储过程和函数名称相同，则需要同时指定 ROUTINE_TYPE 字段查询的是哪种类型的存储程序。

2. 修改存储过程

在实际开发中，业务需求更改的情况时有发生，这样就不可避免地需要修改存储过程。在 MySQL 中，可以使用 ALTER 语句修改存储过程，其基本语法格式如下：

```
ALTER PROCEDURE 存储过程名称[characteristic…];
```

需要注意的是，上述语法格式不能修改存储过程的参数，只能修改存储过程的特征值，可修改的特征值包含表 8-1 中除"[NOT] DETERMINISTIC"之外的其他 8 个。存储过程的例程默认情况是该存储过程的定义者才有权修改。

3. 删除存储过程

存储过程被创建后，会一直保存在数据库服务器上，如果当前的存储过程需要被废弃，则可以对其进行删除。在 MySQL 中，删除存储过程的基本语法格式如下：

```
DROP PROCEDURE [IF EXISTS]存储过程名称;
```

在上述语法格式中，存储过程名称指的是要删除的存储过程的名称；IF EXISTS 用于判断要删除的存储过程是否存在，如果要删除的存储过程不存在，则可以产生一个警告以避免发生错误。IF EXISTS 产生的警告可以使用 SHOW WARNINGS 进行查询。

【任务实施】

1. 查看存储过程

下面通过显示存储过程 PD3_S3 的状态信息演示 SHOW PROCEDURE STATUS 语句的使用。

步骤 1：打开图 8-18 所示的界面，选择"hn"节点，单击"新建查询"按钮，新建查询窗口，在该窗口中输入以下语句：

```
SHOW PROCEDURE STATUS LIKE 'PD3_S3'
```

步骤 2：选中以上语句，单击"运行"按钮，查看存储过程，运行结果如图 8-18 所示。

图 8-18 在 Navicat 工具中使用 SQL 语句查看存储过程（1）

2. 删除存储过程

技术人员认为 PD3_S3 存储过程还可以优化，想要删除数据库 student_score 中的存储过程 PD3_S3。

步骤 1：打开图 8-19 所示的界面，选择 "hn" 节点，单击 "新建查询" 按钮，新建查询窗口，在该窗口中输入以下语句：

```
DROP PROCEDURE IF EXISTS PD3_S3
```

步骤 2：选中以上语句，单击 "运行" 按钮查看存储过程，运行结果如图 8-19 所示。

图 8-19 在 Navicat 工具中使用 SQL 语句删除存储过程

步骤 3：从上述执行结果的描述可以得出，DROP PROCEDURE 语句成功执行。下面查询 information_schema 数据库下 Routines 表中存储过程 PD3_S3 的记录，验证存储过程是否删除成功，具体 SQL 语句如下：

```
SELECT * FROM information_schema.Routines
WHERE ROUTINE_NAME ='PD3_S3' AND ROUTINE_TYPE ='PROCEDURE'
```

步骤 4：选中以上语句，单击"运行"按钮，运行结果如图 8-20 所示。

图 8-20 在 Navicat 工具中使用 SQL 语句查看存储过程（2）

从上述查询结果可以看出，没有查询出任何记录，说明存储过程已删除。

课后练习

使用 SQL 语句创建触发器：

1）创建带参数存储过程 PD1，根据指定的部门编号检索部门名称、电话号码、传真信息，执行存储过程。

2）创建带参数存储过程 PD2，根据指定的员工编号检索员工姓名、出生日期、职称、手机号码，执行存储过程。

3）创建带参数存储过程 PD3，根据指定的员工编号检索员工姓名、职称、基本工资、奖金、福利信息，执行存储过程。

4）创建带参数存储过程 PD4，实现向 employee 表中插入记录时性别默认为"男"、职称默认为"讲师"，自定义记录中的字段值，执行存储过程。

项目 9 ▶ 学生成绩管理系统数据库中的触发器

知识目标

- 掌握使用 SQL 语句创建、修改、删除触发器的方法。
- 掌握使用 SQL 语句创建 INSERT 型触发器的方法。
- 掌握使用 SQL 语句创建 UPDATE 型触发器的方法。
- 掌握使用 SQL 语句创建 DELETE 型触发器的方法。

能力目标

- 能使用 SQL 语句创建 INSERT 型触发器。
- 能使用 SQL 语句创建 UPDATE 型触发器。
- 能使用 SQL 语句创建 DELETE 型触发器。

任务 1　使用 SQL 语句创建 INSERT 型触发器

【任务描述】

在向数据表中插入数据时，如果需要自动进行一些处理，就可以使用 INSERT 型触发器。每当插入一条数据，就执行一次操作，以保证数据库中数据的正确性和一致性。

【知识准备】

1. 触发器概述

触发器可以看作一种特殊类型的存储过程。它与存储过程的主要区别在于，存储过程使用时需要调用，而触发器是在预先定义好的事件（如 INSERT、DELETE 等操作）发生时才会被 MySQL 自动调用。

创建触发器时需要与数据表相关联，当表发生特定事件（如 INSERT、DELETE 等操作）时，就会自动执行触发器中预先定义好的 SQL 代码，实现插入数据前强制检验或转换数据等操作，或是在触发器中的代码执行错误后，撤销已执行成功的操作，保证数据的安全。因此，不难看出触发器在使用时的优点和缺点。

（1）优点

1）触发器可以通过数据库中的相关表实现级联无痕更改操作。

2）保证数据安全，进行安全校验。

（2）缺点

1）触发器的使用会影响数据库的结构，同时增加数据库维护的复杂程度。

2）触发器的无痕操作会造成数据在程序（如 PHP、Java 等）层面不可控。

2. 创建触发器

触发器必须创建在指定的数据表上。在 MySQL 中，创建触发器的语法如下：

```
CREATE TRIGGER 触发器名 触发时间 触发事件
ON 表名 FOR EACH ROW
BEGIN
trigger_stmt
END;
```

✔ **说明**

触发器名：标识触发器名称，用户自行指定。

触发时间：标识触发时机，取值为 BEFORE 或 AFTER，指明触发程序是在激活它的语句之前或之后触发。

触发事件：取值为 INSERT、UPDATE 或 DELETE。

- INSERT 型触发器：插入某一行时激活触发器，可能通过 INSERT、LOAD DATA、REPLACE 语句触发。
- UPDATE 型触发器：更改某一行时激活触发器，可能通过 UPDATE 语句触发。
- DELETE 型触发器：删除某一行时激活触发器，可能通过 DELETE、REPLACE 语句触发。由此可见，MySQL 中可建立 6 种触发器，即 BEFORE INSERT、BEFORE UPDATE、BEFORE DELETE、AFTER INSERT、AFTER UPDATE、AFTER DELETE。在 MySQL 5.7.2 版之前，用户可以为每个表定义最多 6 个触发器。但是，从 MySQL 版本 5.7.2 + 开始，用户可以为同一触发事件和操作时间定义多个触发器。

表名：标识建立触发器的表名，即在哪个表上建立触发器。

trigger_stmt（触发器程序体）：可以是一句 SQL 语句，或者是用 BEGIN 和 END 包含的多条语句。

FOR EACH ROW：该子句通知触发器每更新一条数据执行一次动作，而不是对整个表执行一次动作。

触发事件（trigger_event）详解：

MySQL 除了对 INSERT、UPDATE、DELETE 基本操作进行定义外，还定义了 LOAD DATA 和 REPLACE 语句。这两种语句也能引起上述 6 种类型触发器的触发。

LOAD DATA 语句用于将一个文件装入一个数据表中，相当于一系列的 INSERT 操作。

REPLACE 语句与 INSERT 语句很像，只是当表中有 PRIMARY KEY 或 UNIQUE 索引时，如果插入的数据和原来的 PRIMARY KEY 或 UNIQUE 索引一致，则会先删除原来的数据，然后增加一条新数据。也就是说，一条 REPLACE 语句有时等价于一条 INSERT 语句，有时等价于一条 DELETE 语句加上一条 INSERT 语句。

new 与 old 详解：

MySQL 中定义了 new 和 old 关键字，能够访问受触发程序影响的行中的列（old 和 new 不区分大小写）。

1）在 INSERT 型触发器中，new 用来表示将要（BEFORE）或已经（AFTER）插入的新数据。

2）在 UPDATE 型触发器中，old 用来表示将要或已经被修改的原数据，new 用来表示将要或已经修改为的新数据。

3）在 DELETE 型触发器中，old 用来表示将要或已经被删除的原数据。

使用方法：new. columnName（columnName 为相应数据表的某一字段名），old 是只读的，而 new 则可以在触发器中使用 SET 语句赋值，这样不会再次触发触发器，造成循环调用（如每插入一个学生，都在其学号前加上"2017"）。

在 INSERT 触发程序中，仅能使用 new. columnName，没有旧行。在 DELETE 触发程序中，仅能使用 old. columnName，没有新行。在 UPDATE 触发程序中，可以使用 old. columnName 来引用更新前的某一行的列，也能使用 new. columnName 来引用更新后的行中的列。用 old 命名的字段是只读的。可以引用它，但不能更改它。对于用 new 命名的列，如果具有 SELECT 权限，则可引用它。在 BEFORE 触发程序中，如果具有 UPDATE 权限，则可使用"SET new. columnName = VALUE"更改它的值。这意味着，可以使用触发程序来更改将要插入新行中的值，或用于更新行的值。

【任务实施】

1. 创建 INSERT 型触发器 TR1_T1

下面创建 INSERT 类型的触发器 TR1_T1。当向成绩表中插入一条成绩信息时，成绩在 0～100之间。当输入成绩小于 0 时，则按 0 输入；当输入成绩大于 100 时，则按 100 输入。并执行实现查询的操作。

步骤 1：打开图 9-1 所示的界面，打开"hn"节点，单击"新建查询"按钮，新建查询窗口，在该窗口中输入以下语句。

```
CREATE TRIGGER TR1_T1
BEFORE INSERT ON score FOR EACH ROW
BEGIN
  IF new. score < 0 THEN SET new. score = 0;
  ELSEIF new. score > 100 THEN SET new. score = 100;
  END IF;
END
```

图 9-1　在 Navicat 工具中使用 SQL 语句创建触发器（1）

步骤 2：根据要求，触发器必须在数据插入表之前完成成绩的控制，所以使用 BEFORE INSERT 类型的触发器。当向成绩表中插入数据时，触发器自动触发，完成成绩的控制。执行以下语句将触发该触发器，运行结果如图 9-2 所示。

```
INSERT INTO score VALUES('20211010','Le0006','120');
```

图 9-2　在 Navicat 工具中使用 SQL 语句触发触发器（1）

步骤3：打开图9-3所示的界面，通过查询语句发现存入数据库的成绩是100，而不是120，运行结果如图9-3所示。

```
SELECT * FROM score
```

图9-3 在 Navicat 工具中使用 SQL 语句查询成绩表

2. 创建 INSERT 型触发器 TR1_T2

下面创建 INSERT 型触发器 TR1_T2，增加一条学生记录时，需要检查性别是否符合范围要求，并执行插入错误验证触发器。

步骤1：打开图9-4所示的界面，打开"hn"节点，单击"新建查询"按钮，新建查询窗口，在该窗口中输入以下语句。

```
DELIMITER $ $
CREATE TRIGGER TR1_T2 BEFORE INSERT ON student FOR EACH ROW
  begin
  IF new. gender NOT IN ('男','女') THEN
    SIGNAL SQLSTATE '45000'              #错误代码
    SET MESSAGE_TEXT = '性别错误！';      #提示信息
  END IF;
END $ $
DELIMITER ;
```

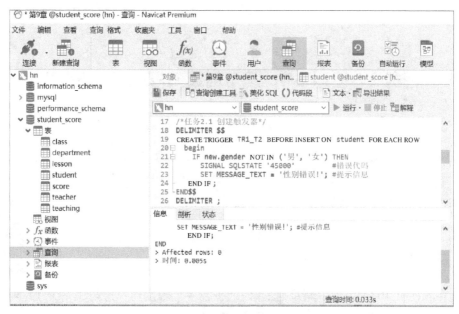

图 9 - 4 在 Navicat 工具中使用 SQL 语句创建触发器 (2)

步骤 2：根据要求，触发器必须在数据插入表之前完成数据的控制，所以使用 BEFORE INSERT 类型的触发器。当向学生表中插入数据时，触发器自动触发，验证性别的输入。执行以下语句将触发该触发器，运行结果如图 9 - 5 所示。

```
INSERT INTO student
    VALUES ('20211011', '周华', '性别', '2002 - 07 - 23', '2021 - 09 - 03', '湖南长沙',
'15836521254', 'QiWei2101');
```

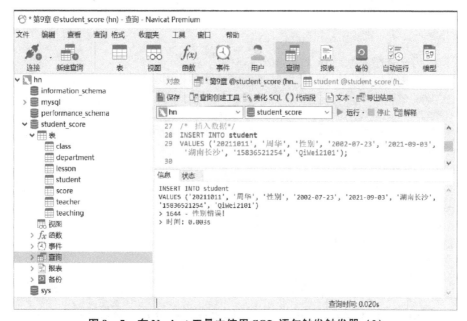

图 9 - 5 在 Navicat 工具中使用 SQL 语句触发触发器 (2)

任务2 使用 SQL 语句创建 UPDATE 型触发器

【任务描述】

在实际开发项目时，如果需要在数据表发生修改时自动进行一些数据处理，就可以使用 UPDATE 型触发器。每当修改一条数据时，就执行一次操作，以保证数据库中数据的正确性和一致性，防止非法数据的更新。

【知识准备】

1. MySQL 创建多个触发器

如何在 MySQL 中为相同的事件和操作时间创建多个触发器？这与 MySQL 版本相关。如果使用的是较旧版本的 MySQL，则部分语句将不起作用。

在 MySQL 5.7.2 版之前，只能为表中的事件创建一个触发器。例如，只能为 BEFORE UPDATE 或 AFTER UPDATE 事件创建一个触发器。MySQL 5.7.2 + 版本解除了这一限制，允许为表中的相同事件和操作时间创建多个触发器。事件发生时，触发器将按顺序激活。

如果表中有相同事件的多个触发器，则 MySQL 将按创建顺序调用触发器。更改触发器的顺序，需要在 FOR EACH ROW 子句之后指定 FOLLOWS 或 PRECEDES。

FOLLOWS：允许在现有触发器之后激活新触发器。

PRECEDES：允许在现有触发器之前激活新触发器。

2. 创建多个触发器的语法

以下是使用显式顺序创建新的附加触发器的语法：

```
DELIMITER $ $
CREATE TRIGGER  trigger_name
[BEFORE | AFTER] [INSERT | UPDATE | DELETE] ON table_name
FOR EACH ROW [FOLLOWS | PRECEDES] existing_trigger_name
BEGIN
...
END $ $
DELIMITER ;
```

【任务实施】

1. 创建 UPDATE 型触发器 TR2_T1

下面创建 UPDATE 型触发器 TR2_T1，当修改一个记录时，确保此记录的成绩（score）

在 0 ~ 100 分之间，并执行修改操作来验证触发器。

步骤 1：打开图 9 – 6 所示的界面，打开"hn"节点，单击"新建查询"按钮，新建查询窗口，在该窗口中输入以下语句。

```
DELIMITER $ $
CREATE TRIGGER TR2_T1 AFTER UPDATE ON score FOR EACH ROW
BEGIN
    IF(new.score > 100)OR (new.score < 0)
THEN
    SIGNAL SQLSTATE 'HYOOO' SET message_text = '成绩应在 0 ~ 100 分之间';
    END IF;
END $ $
DELIMITER ;
```

图 9 – 6 在 Navicat 工具中使用 SQL 语句创建触发器 (3)

步骤 2：根据要求，触发器必须在数据更新表之后完成成绩的控制，所以使用 AFTER UPDATE 类型的触发器。当在成绩表中修改数据时，触发器自动触发，完成成绩的控制。执行以下语句将触发该触发器，运行结果如图 9 – 7 所示。

```
UPDATE score
SET score =120
WHERE sno = '20211001'
```

图 9 – 7　在 Navicat 工具中使用 SQL 语句触发触发器（3）

2. 创建 UPDATE 型触发器 TR2_T2

下面创建 UPDATE 型触发器 TR2_T2，在学生（student）表中定义一个触发器，保证修改学生的出生日期要大于学生的注册日期，并执行修改操作验证触发器。

步骤1：打开图 9 – 8 所示的界面，打开"hn"节点，单击"新建查询"按钮，新建查询窗口，在该窗口中输入以下语句。

```
DELIMITER $ $
CREATE TRIGGER TR2_T2 AFTER UPDATE ON student FOR EACH ROW
BEGIN
    IF(new.birth > new.srdate)
THEN
    SIGNAL SQLSTATE 'HYOOO' SET message_text = '出生日期 > 注册日期';
    END IF;
END $ $
DELIMITER ;
```

图 9 – 8　在 Navicat 工具中使用 SQL 语句创建触发器 (4)

步骤 2：根据要求，触发器必须在数据更新表之后完成成绩的控制，所以使用 AFTER UPDATE 类型的触发器。当在学生表中修改数据时，触发器自动触发，完成出生日期的控制。执行以下语句将触发该触发器，运行结果如图 9 – 9 所示。

```
UPDATE student
SET birth = '2022 -07 -23'
WHERE sno = '20211010'
```

图 9 – 9　在 Navicat 工具中使用 SQL 语句触发触发器 (4)

任务 3　使用 SQL 语句创建 DELETE 型触发器

【任务描述】

在实际开发项目时，需要在数据表中自动进行一些删除处理，就可以使用 DELETE 型触发器。每当删除一条数据时，就执行一次操作，以保证数据库中数据的正确性和一致性，防止数据的非法删除。

【知识准备】

查看触发器

如果想通过语句查看数据库中已经存在的触发器的信息，可以采用两种方法：一种是利用 SHOW TRIGGERS 语句查看触发器，另一种是利用 SELECT 语句查看数据库 information_schema 下数据表 triggers 中的触发器数据。

利用 SHOW TRIGGERS 语句查看触发器信息的语法格式如下：

```
SHOW TRIGGERS;
```

在 MySQL 中，触发器信息都保存在数据库 information_schema 下的数据表 triggers 中，可以通过 SELECT 语句查看该数据表来获取触发器信息。通过 triggers 数据表查看触发器的语法格式如下：

```
SELECT * FROM information_schema. triggers
[MHERE trigger_name = '触发器名称']
```

在上述语法格式中，可以通过 WHERE 子句指定触发器的名称，如果不指定触发器名称，则会查询出 information_schema 数据库中所有已经存在的触发器信息。

【任务实施】

1. 创建 DELETE 型触发器 TR3_T1

在学生（student）表中创建 DELETE 型触发器 TR3_T1，当删除学生（student）表中的学生信息时，会自动删除成绩（score）表中相应学生的选课记录。

步骤 1：打开图 9 - 10 所示的界面，打开 "hn" 节点，单击 "新建查询" 按钮，新建查询窗口，在该窗口中输入以下语句。

```
DELIMITER $ $
CREATE TRIGGER TR3_T1 AFTER DELETE ON student FOR EACH ROW
BEGIN
    DELETE FROM score WHERE sno = old. sno;
END $ $
DELIMITER;
```

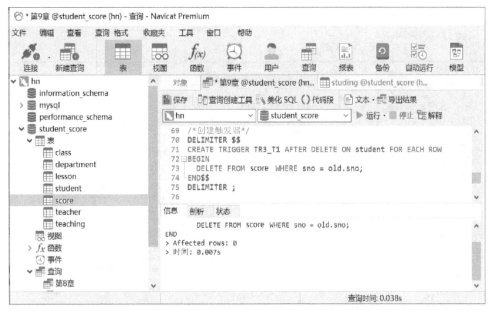

图 9 – 10　在 Navicat 工具中使用 SQL 语句创建触发器（5）

步骤 2：根据要求，当删除学生（student）表中的学生信息时，触发器自动触发，自动删除成绩（score）表中相应学生的选课记录，完成成绩的控制。执行以下语句将触发该触发器，运行结果如图 9 – 11 所示。

```
DELETE FROM student WHERE sno = '20211004'
```

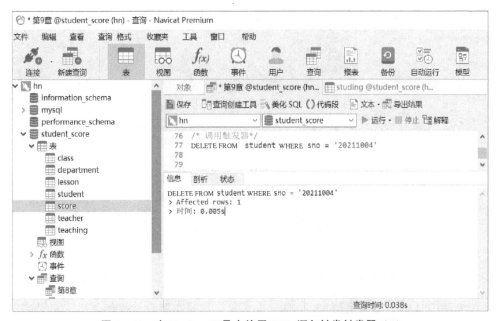

图 9 – 11　在 Navicat 工具中使用 SQL 语句触发触发器（5）

步骤 3：删除之后，student 表和 score 表中都没有 20211004，查询结果如图 9 – 12 和图 9 –13所示。

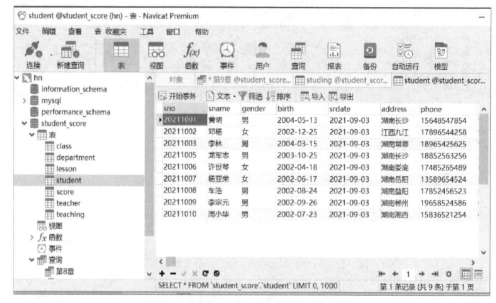

图 9 – 12　在 Navicat 工具中显示 student 表

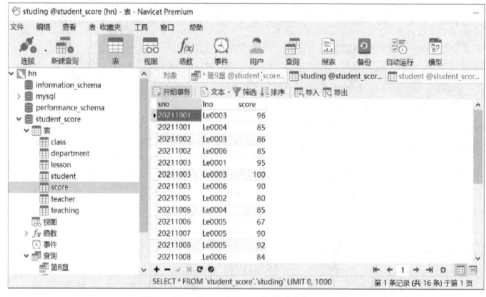

图 9 – 13　在 Navicat 工具中显示 score 表

2. 创建 DELETE 型触发器 TR3_T2

下面创建 DELETE 型触发器 TR3_T2，技术人员想要在删除学生信息后，自动将删除的学生信息添加在其他数据表以防后续需要查询被删除的学生信息。

步骤 1：创建一个新数据表，用于存放被删除的学生信息，打开图 9 - 14 所示的界面，打开 "hn" 节点，单击 "新建查询" 按钮，新建查询窗口，在该窗口中输入以下语句。

```
CREATE TABLE new_student(
  'sno' char(12)NOT NULL,
  'sname' varchar(8)NOT NULL,
  'gender' char(2)  NULL DEFAULT NULL,
  'birth' date NULL DEFAULT NULL,
  'srdate' date NULL DEFAULT NULL,
  'address' varchar(100)  NULL DEFAULT NULL,
  'phone' varchar(20)NULL DEFAULT NULL,
  'cno' char(10)NULL DEFAULT NULL,
  PRIMARY KEY ('sno')USING BTREE
)
```

图 9 - 14　在 Navicat 工具中使用 SQL 语句创建新数据表

步骤 2：接着在学生（student）表中创建触发器。当删除学生表的数据后，触发该触发器，并且在触发器的触发程序中将被删除的学生添加到数据表 new_student 中，具体 SQL 语句及运行结果如图 9 - 15 所示。

```
CREATE TRIGGER TR3_T2
AFTER DELETE ON student FOR EACH ROW
INSERT INTO new_student
VALUES (old.sno, old.sname, old.gender, old.birth, old.srdate, old.address,
old.phone, old.cno);
```

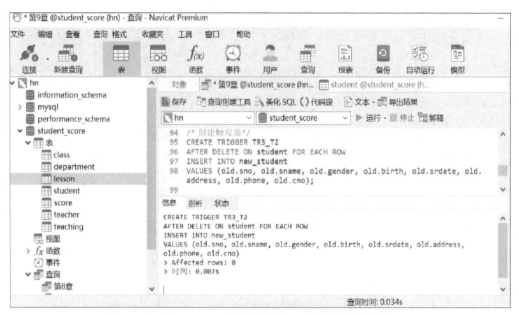

图 9 – 15　在 Navicat 工具中使用 SQL 语句创建触发器（6）

步骤 3：触发器创建成功后，会根据触发时机触发事件，技术人员需要删除学生表中学号为"20211004"的学生记录，具体 SQL 语句及运行结果如图 9 – 16 所示。想要在删除操作后查看新表 new_student 中的记录，以验证触发器是否生效，具体 SQL 语句及运行结果如图 9 – 17 所示。

图 9 – 16　在 Navicat 工具中使用 SQL 语句删除记录

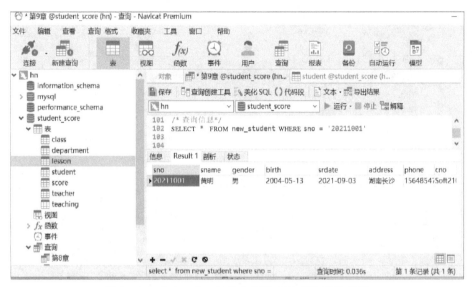

图 9 – 17   在 Navicat 工具中使用 SQL 语句查询记录

任务 4   使用 SQL 语句维护触发器

【任务描述】

当创建触发器以后,用户可以对触发器进行维护,主要有查看、删除触发器。下面使用 SQL 语句对触发器进行维护。

【知识准备】

删除触发器

当创建的触发器不再符合当前需求时,可以将它删除。删除触发器的操作很简单,只需要使用 MySQL 提供的 DROP TRIGGER 语句即可。DROP TRIGGER 语句的基本语法格式如下:

```
DROP TRIGGER [IF EXISTS] [数据库名.] 触发器名;
```

在上述语法格式中,利用 “ [数据库名.] 触发器名” 的方式可以删除指定数据库下的触发器,当省略 “ [数据库名.]” 时,则删除当前选择的数据库下的触发器。

【任务实施】

1. 使用 SQL 语句查看触发器

通过 SQL 语句查看数据库中已经存在的触发器信息,可以采用以下两种方法。

方法 1:打开图 9 – 18 所示的界面,打开 “hn” 节点,单击 “新建查询” 按钮,新建查询窗口,在该窗口中输入以下语句查看触发器:

```
SHOW TRIGGERS;
```

图 9-18　在 Navicat 工具中使用 SQL 语句查看触发器 (1)

方法 2：打开图 9-19 所示的界面，打开 "hn" 节点，单击 "新建查询" 按钮，新建查询窗口，在该窗口中输入以下语句，通过 WHERE 子句指定触发器的名称来查看触发器。

```
SELECT * FROM information_schema.triggers
WHERE trigger_name = 'TR2_T2'
```

图 9-19　在 Navicat 工具中使用 SQL 语句查看触发器 (2)

2. 使用 SQL 语句删除触发器

在一次学生成绩管理系统升级之后，技术人员觉得触发器 TR1_T1 的使用意义不大，想要删除学生成绩管理系统中的触发器 TR1_T1。

步骤：打开图 9-20 所示的界面，打开"hn"节点，单击"新建查询"按钮，新建查询窗口，在该窗口中输入以下语句删除触发器。

```
DROP TRIGGER IF EXISTS TR1_T1;
```

图 9-20　在 Navicat 工具中使用 SQL 语句删除触发器

通过上述语句执行结果的信息可以得出，删除语句成功执行，此时通过如下语句再次查询触发器：

```
SELECT * FROM information_schema. triggers WHERE trigger_name = 'TR1_T1'
```

从上述查询结果可以验证，触发器 TR1_T1 已经从数据库中成功删除。除使用 DROP TRIGGER 语句删除触发器外，当删除触发器关联的数据表时，触发器也会同时被删除。

课后练习

使用 SQL 语句创建触发器：

1）创建触发器 tri_dep，当在 department 表中输入数据时显示表中的所有记录信息。

2）创建触发器 tri_emp，当在 employee 表中更数据时检查部门编号是否合法。

3）创建触发器 tri_emp2，当删除 employee 表中某个员工信息的同时删除 salary 表中对应员工的信息。

4）创建触发器 tri_sal，当在 salary 表中输入或更新信息时判断员工编号是否合法，并做出相应的处理。

项目 10 ▶ 学生成绩管理系统数据的安全管理

- 了解用户与权限的作用。
- 掌握使用 CREATE USE 创建用户。
- 掌握使用 ALTER USE 设置密码。
- 掌握使用 GRANT 授予用户权限。

- 能使用 SQL 语句创建用户。
- 能使用 SQL 语句设置密码。
- 能使用 SQL 语句授予用户权限。

任务 1 用户管理

【任务描述】

前面的项目是通过 root（超级用户）登录数据库进行相关操作的。在正常的工作环境中，为了保证数据库的安全，数据库的管理员会对需要操作数据库的人员分配用户名、密码及可操作的权限范围，让其仅能在自己的权限范围内操作。本任务针对 MySQL 中用户管理进行详细讲解。

【知识准备】

1. 用户与权限概述

用户是数据库的使用者和管理者，MySQL 通过用户的设置来控制数据库操作人员的访问与操作范围。在安装 MySQL 时，系统会自动安装一个名为 mysql 的数据库。该数据库主要用于维护数据库的用户，以及进行权限的控制和管理。其中，MySQL 中的所有用户信息都保存在 mysql. user 数据表中。

使用 DESC 可查看 user 表含有的 45 个字段，为了方便学习，列举了 user 表中的一些常用字段，具体如表 10-1 所示。

表 10-1　user 表常用字段

字段名	数据类型	默认值
Host	char（60）	—
User	char（32）	—
Select_priv	enum（'N'，'Y'）	N
Insert_priv	enum（'N'，'Y'）	N
Update_priv	enum（'N'，'Y'）	N
Delete_priv	enum（'N'，'Y'）	N
Create_priv	enum（'N'，'Y'）	N
Drop_priv	enum（'N'，'Y'）	N
Reload_priv	enum（'N'，'Y'）	N
Shutdown_priv	enum（'N'，'Y'）	N
Process_priv	enum（'N'，'Y'）	N
File_priv	enum（'N'，'Y'）	N
enum（'N'，'Y'） N	enum（'N'，'Y'）	N
ssl_type	enum（''，'ANY'，'X509'，'SPECIFIED'）	—
ssl_cipher	blob	NULL
x509_issuer	blob	NULL
x509_subject	blob	NULL
max_questions	int（11）unsigned	0
max_updates	int（11）unsigned	0
max_connections	int（11）unsigned	0
max_user_connections	int（11）unsigned	0
plugin	char（64）	Mysql_native_password
authentication_string	text	NULL
password_expired	enum（'N'，'Y'）	N
password_last_changed	timestamp	NULL
password_lifetime	smallint（5）unsigned	NULL
account_locked	enum（'N，'Y'）	N

在表 10-1 中，根据字段的功能可将其分为 6 类，分别为账号字段、身份验证字段、安全连接字段、资源限制字段、权限字段以及账户锁定字段。为了方便读者理解，下面分别对这 6 类字段进行详细讲解。

（1）账号字段

Host 和 User 字段共同组成的复合主键用于区分 MySQL 中的账户。User 字段用于优化表用户的名称；Host 字段表示允许访问的客户端 IP 地址或主机地址，当 Host 的值为"＊"时，表示所有客户端的用户都可以访问。

（2）身份验证字段

在 MySQL 5.7 中，mysql.user 表中已不再包含 password 字段，而是使用 plugin 和 authentication_string 字段保存用户身份验证的信息。其中，plugin 字段用于指定用户的验证插件名称，authentication_string 字段是根据 plugin 指定的插件算法对账户明文密码加密后的字符串。

（3）安全连接字段

在客户端与 MySQL 服务器连接时，除了可以基于账户名及密码进行常规验证外，还可以判断当前连接是否符合 SSL 安全协议，与其相关的字段有以下几种。

1）ssl_type：用于保存安全连接的类型，它的可选值有 NULL（空）、ANY（任意类型）、X509（X509 证书）、SPECIFIED（规定的）4 种。

2）ssl_cipher：用于保存安全加密连接的特定密码。

3）x509_issuer：保存由 CA 签发的有效的 X509 证书。

4）x509_subject：保存包含主题的有效的 X509 证书。

（4）资源限制字段

mysql.user 表中提供的以"max_"开头的字段，保存对用户可使用的服务器资源的限制，用来防止用户登录 MySQL 服务器后的不法或不合规范的操作浪费服务器的资源。各字段的具体含义如下。

1）max_questions：保存每小时允许用户执行查询操作的最多次数。

2）max_updates：保存每小时允许用户执行更新操作的最多次数。

3）max_connections：保存每小时允许用户建立连接的最多次数。

4）max_user_connections：保存允许单个用户同时建立连接的最多数量。

以上列举的资源限制字段的默认值均为 0，表示对此用户没有任何的资源限制。

（5）权限字段

mysql.user 表中提供的以"_priv"结尾的字段一共有 29 个，这些字段保存了用户的全局权限，如 Select_priv 查询权限、Insert_priv 插入权限、Update_priv 更新权限等。

其中，user 表对应的权限字段的数据类型都是 ENUM 枚举类型，取值只有 N 或 Y 两种。N 表示该用户没有对应权限，Y 表示该用户有对应权限。为了保证数据库的安全，这些字段的默认值都为 N，如果需要，则可以对其进行修改。

（6）账户锁定字段

mysql.user 表中提供的 account_locked 字段用于保存当前用户是锁定状态还是解锁状态。该字段是一个枚举类型，当其值为 N 时表示解锁，此用户可以连接服务器；当其值为 Y 时表示该用户已被锁定，不能连接服务器。

2. 创建用户

MySQL 中的所有用户信息都保存在 mysql.user 表中，因此可以直接利用 root 登录

MySQL 服务器，以向 mysql. user 表中插入用户信息的方式创建用户。但是，为保证数据的安全，这里并不推荐使用此种方式创建用户。MySQL 提供了更安全的 CREATE USER 语句用于创建用户。下面使用 CREATE USER 语句创建用户。

使用 CREATE USER 语句创建新用户时，每创建一个新用户，都会在 mysql. user 表中添加一条记录并同时自动修改相应的授权表。需要注意的是，使用 CREATE USER 语句创建的新用户默认情况下只有连接权限。

使用 CREATE USER 语句创建用户的基本语法格式如下：

```
CREATE USER 'username'@ 'hostname' [ IDENTIFIED BY [ PASSWORD]'password']
[,'username'@ 'hostname'[IDENTIFIED BY [PASSWORD]'password']]…
```

在上述语法格式中，username 表示新创建用户的名称；hostname 表示主机名；IDENTIFIED BY 用于设置用户的密码；PASSWORD 关键字表示使用哈希值设置密码，是可选项，如果密码是普通字符串，就不需要使用 PASSWORD 关键字；password 表示用户登录时使用的密码，需要用单引号括起来。CREATE USER 语句可以同时创建多个用户，多个用户之间用逗号分隔。

3. 删除用户

在 MySQL 中，通常会创建多个普通用户来管理数据库，但如果发现某些用户已经没必要存在，就可以将其删除。删除用户可以通过 DROP USER 语句和 DELETE 语句完成。接下来分别对使用这两种语句删除用户的方法进行讲解。

(1) 使用 DROP USER 语句删除用户

DROP USER 语句与 DROP DATABASE 语句类似，如果要删除某个用户，只需要在 DROP USER 后面指定要删除的用户信息即可。

使用 DROP USER 语句删除用户的语法格式如下：

```
DROP USER 'username'@ 'hostname'[,'username'@ 'hostname'];
```

在上述语法格式中，username 表示要删除的用户，hostname 表示主机名。DROP USER 语句可以同时删除一个或多个用户，多个用户之间用逗号进行分隔。值得注意的是，使用 DROP USER 语句删除用户时，执行删除操作的用户必须拥有 DROP USER 权限。

(2) 使用 DELETE 语句删除用户

DELETE 语句不仅可以删除普通表中的数据，还可以删除 mysql. user 表中的数据。使用该语句删除 mysql. user 表中的数据时，需要指定表名为 mysql. user 和要删除的用户信息。同样地，在使用 DELETE 语句时，执行删除操作的用户必须拥有对 mysql. user 表的 DELETE 权限。

使用 DELETE 语句删除用户的语法格式如下：

```
DELETE FROM mysql.user WHERE host = 'hostname' AND user = 'username';
```

在上述语法格式中，mysql. user 参数指定要操作的表，WHERE 指定条件语句。host 和 user 都是 mysql. user 表的字段，这两个字段可以确定唯一的一条记录。

4. 修改用户密码

MySQL 中的用户都可以对数据库进行操作，因此管理好每个用户的密码是至关重要的，密码一旦丢失就需要及时修改。MySQL 中修改密码的方法主要有 4 种，具体如下。

方法 1：使用 mysqladmin 命令修改用户密码。

在 MySQL 的安装目录 bin 文件夹下有一个 mysqladmin. exe 可执行程序，它对应的命令 mysqladmin 通常用于执行一些管理性的任务（如修改用户密码），以及显示服务器状态等。使用 mysqladmin 命令修改密码的基本语法格式如下：

```
mysqladmin -u username [ -h hostname] -p password new_password
```

在上述语法格式中，username 表示要修改密码的用户名；参数 -h 用于指定对应的主机名，可以省略不写，默认为 localhost；-p 后面的 password 为关键字，用于指定要修改的内容为密码；new_password 为新设置的密码。

方法 2：使用 ALTER USER 语句修改用户密码，基本语法格式如下：

```
ALTER USER 账户名 IDENTIFIED By new_password;
```

在上述语法格式中，账户名包括用户名和主机名；new_password 表示新设置的密码。需要注意的是，使用这种方法修改用户密码时，要求执行修改密码操作的用户有修改 mysql. user 数据表的权限。

方法 3：使用 SET 语句修改用户密码，基本语法格式如下：

```
SET PASSWORD = new_password;
```

在上述语法格式中，new_password 为新设置的密码。

方法 4：使用 UPDATE 语句修改用户密码。

这种方法是通过 UPDATE 语句直接修改 mysql. user 的数据，需要利用 root 登录。修改密码的基本语法格式如下：

```
UPDATE mysql.user SET authentication_string = PASSWORD ('new_password')
WHERE User = 'username' and Host = 'hostname';
```

在上述语法格式中，new_ password 为新设置的密码；username 为要修改的用户名；hostname 为对应的主机名。使用这种方法修改密码后，还需要使用 FLUSH PRIVILEGES 重新加载权限表。需要注意的是，在 MySQL 8.0 及后续的版本中已经废弃 PASSWORD（）函数，因此不推荐使用此种方法修改用户密码。

【任务实施】

1. 创建用户

使用 CREATE USER 语句创建两个新用户，用户名分别为 test1 和 test2，密码分别为 123 和 456，并查看新的用户。

步骤 1：打开图 10 - 1 所示的界面，打开"hn"节点，单击"新建查询"按钮，新建查询窗口，在该窗口中输入以下语句：

```
CREATE USER 'test1'@ 'localhost' IDENTIFIED BY '123',
'test2'@ 'localhost'IDENTIFIED BY '456';
```

步骤 2：选中以上语句，单击"运行"按钮创建用户，用户创建成功，运行结果如图 10 - 1所示。

图 10 - 1　在 Navicat 工具中使用 SQL 语句创建用户（1）

步骤 3：打开图 10 - 2 所示的界面，使用 SELECT 语句查询 mysql. user 表中的数据，验证用户是否创建成功。以查询用户 test1 为例，运行结果如图 10 - 2 所示。

```
SELECT host,user,authentication_string, plugin
FROM mysql.user WHERE user ='test1'
```

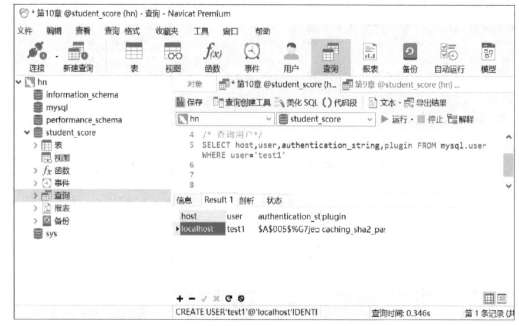

图 10 – 2　在 Navicat 工具中使用 SQL 语句查看用户（1）

　　从上述执行结果可以看出，使用 CREATE USER 语句成功地在 mysql. user 表中创建了用户 test1，其中 authentication_string 字段的值是根据 plugin 指定的插件算法对用户明文密码 123 加密后的字符串。需要注意的是，如果添加的用户已经存在，那么在执行 CREATE USER 语句时会报错。

2. 删除用户

　　下面使用 DROP USER 语句删除用户 test1。

　　步骤 1：打开图 10 – 3 所示的界面，打开 "hn" 节点，单击 "新建查询" 按钮，新建查询窗口，在该窗口中输入以下语句：

```
DROP USER'test1'@ 'localhost';
```

　　步骤 2：选中以上语句，单击 "运行" 按钮删除用户，用户删除成功，运行结果如图 10 – 3 所示。

　　步骤 3：打开图 10 – 4 所示的界面，上述语句执行成功后，可以通过 SELECT 语句验证用户是否被删除，运行结果如图 10 – 4 所示。

```
SELECT host,user FROM mysql.user WHERE  user ='test1';
```

图 10 – 3　在 Navicat 工具中使用 SQL 语句删除用户

图 10 – 4　在 Navicat 工具中使用 SQL 语句查看用户（2）

从运行结果可以得出，mysql. user 表中已经没有用户 test1，说明 test1 用户已被成功删除。

3. 修改用户密码

技术人员为了方便测试系统的一些功能，创建了一个普通用户作为系统的测试账号，该账号需要分享给技术组的其他人员使用。为保证账号的安全，一旦技术组有人员离职，就需要对该用户的密码进行修改。

步骤 1：打开图 10-5 所示的界面，打开 "hn" 节点，单击 "新建查询" 按钮，新建查询窗口，使用 root 用户连接数据库后创建普通用户 admin_test，在该窗口中输入以下语句：

```
CREATE USER 'admin_test'@'localhost'IDENTIFIED BY '123';
```

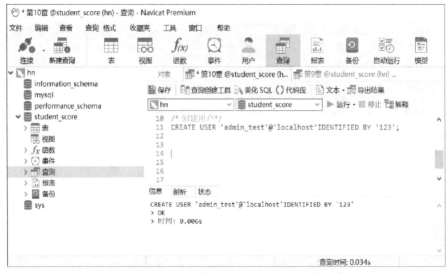

图 10-5　在 Navicat 工具中使用 SQL 语句创建用户（2）

步骤 2：当组内有人员离职时，技术人员需要修改用户 admin_test 的密码。此次使用 ALTER USER 语句修改用户密码，修改之前需要先登录 root 账户。登录后执行的 SQL 语句如下，运行结果如图 10-6 所示。

```
ALTER USER 'admin_test'@'localhost'IDENTIFIED BY '456';
```

图 10-6　在 Navicat 工具中使用 SQL 语句修改用户密码

从上述语句执行的结果信息可以得出，密码修改语句成功执行。

任务 2　权限管理

【任务描述】

在实际项目开发中，为保证数据的安全，数据库管理员需要为不同层级的操作人员分配不同的权限，限制登录 MySQL 服务器的用户只能在其权限范围内操作。同时，管理员还可以根据不同的情况为用户授予权限或收回权限，从而控制数据操作人员的权限。本任务针对 MySQL 中的用户权限进行详细讲解。

【知识准备】

1. MySQL 的权限

MySQL 的权限信息根据其作用范围分别存储在名称为 mysql 的数据库的不同数据表中。当 MySQL 启动时会自动加载这些权限信息，并且将这些权限信息读取到内存中。mysql 数据库中与权限相关的数据表如表 10 – 2 所示。

表 10 – 2　mysql 数据库中与权限相关的数据表

数据表	描述
user	保存用户被授予的全局权限
db	保存用户被授予的数据库权限
tables_priv	保存用户被授予的表权限
columns priv	保存用户被授予的列权限
procs_priv	保存用户被授予的存储过程权限
proxies_priv	保存用户被授予的代理权限

管理员可以为用户授予或收回权限，MySQL 中可以授予和收回的权限如表 10 – 3 所示。

表 10 – 3　MySQL 中可以授予和收回的权限

分类	权限名称	权限级别	描述
数据权限	SELECT	全局、数据库、表、列	允许查询数据
	UPDATE	全局、数据库、表、列	允许更新数据
	DELETE	全局、数据库、表	允许删除数据
	INSERT	全局、数据库、表、列	允许插入数据
	SHOW DATABASES	全局	允许查看已存在的数据库
	SHOW VIEW	全局、数据库、表	允许查看已有的视图定义
	PROCESS	全局	允许查看正在运行的线程

（续）

分类	权限名称	权限级别	描述
结构权限	DROP	全局、数据库、表	允许删除数据库、表和视图
	CREATE	全局、数据库、表	允许创建数据库和表
	CREATE ROUTINE	全局、数据库	允许创建存储过程
	CREATE TABLESPACE	全局	允许创建、修改或删除表空间和日志组件
	CREATE TEMPORARY TABLES	全局、数据库	允许创建临时表
	CREATE VIEW	全局、数据库、表	允许创建和修改视图
	ALTER	全局、数据库、表	允许修改数据表
	ALTER ROUTINE	全局、数据库、存储过程	允许修改或删除存储过程
	INDEX	全局、数据库、表	允许创建和删除索引
	TRIGGER	全局、数据库、表	允许触发器的所有操作
	REFERENCES	全局、数据库、表、列	允许创建外键
管理权限	SUPER	全局	允许使用其他管理操作，如 CHANGE MASTER TO 等
	CREATE USER	全局	CREATE USER、DROP USER、RENAME USER 和 REVOKE、ALL PRIVILEGES
	GRANT OPTION	全局、数据库、存储过程、代理	允许授予或删除用户权限
	RELOAD	全局	FLUSH 操作
	PROXY	—	与被代理的用户权限相同
	REPLICATION CLIENT	全局	允许用户访问主服务器或从服务器
	REPLICATION SLAVE	全局	允许复制从服务器读取的主服务器二进制日志事件
	SHUTDOWN	全局	允许使用 MYSQLADMIN SHUTDOWN
	LOCK TABLES	全局、数据库	允许使用 LOCK TABLES 锁定拥有 SELECT 权限的数据库

在表 10-3 中，权限级别指的是权限可以被应用在哪些数据库内容中。例如，SELECT 权限级别指 SELECT 权限可以被授予到全局（任意数据库下的任意内容）、数据库（指定数据库下的任意内容）、表（指定数据库下的指定数据表）、列（指定数据库下的指定数据表中的指定字段）。

2. 授予权限

用户登录 MySQL 后，可以对数据进行增删改查的操作，这是因为登录的用户拥有这些权限。MySQL 提供了用于为用户授予权限的 GRANT 语句，其基本语法格式如下。

```
GRANT 权限类型[(字段列表)][,权限类型[(字段列表)]]
ON 权限级别
TO 'username'@ 'hostname'
[,'username'@ 'hostname']…
[WITH with_option]
```

在上述语法格式中，各参数的含义如下。

1）权限类型：指的是表 10–3 中的权限名称。

2）字段列表：表示权限设置到哪些字段上。给多个字段设置同一个权限时，多个字段名之间使用逗号分隔。如果不指定字段，则设置的权限作用于整个表。

3）权限级别：指表 10–3 中包含的权限级别，其值可以设置为如下几种。

.：表示全局级别的权限，即授予的权限适用于所有数据库和数据表。

*：如果当前未选择数据库，则表示全局级别的权限；如果当前选择了数据库，则为当前选择的数据库授予权限。

数据库名.*：表示数据库级别的权限，即授予的权限适用于指定数据库中的所有表。

数据库名. 表名：表示表级别的权限。如果不指定授予权限的字段，则授予的权限适用于指定数据库的指定表中的所有列。

4）TO 子句用于指定一个或多个用户。

5）WITH 关键字后面的参数 with_option 的取值有 5 个，具体如下。

GRANT OPTION：将自己的权限授予其他用户。

MAX_QUERIES_PER_HOUR count：设置每小时最多可以执行多少次查询。

NAX_UPDATES_PER_HOUR count：设置每小时最多可以执行多少次更新。

MAX_CONNECHONS_PER_HOUR count：设置每小时最大的连接数量。

NAX_UER_CONNECHONS：设置每个用户最多可以同时建立连接的数量。

3. 查看权限

授权语句执行成功后，可以对用户的授予权限进行查询。其中，表权限可以在 mysql. tables_priv 中查看，列权限可以在 mysql. columns_priv 中查看，有两种方法：第一种是使用 SELECT 语句；第二种是使用 SHOW GRANTS 语句，其基本语法格式如下。

```
SHOW GRANTS FOR 'username'@ 'hostname';
```

4. 收回权限

为保证数据库的安全，对于一些不必要的用户权限应该及时收回。MySQL 提供了 REVOKE 语句用于收回指定用户的指定权限，其基本语法格式如下。

```
REVOKE 权限类型[(字段列表)][,权限类型[(字段列表)]]
       ON 权限级别
       FROM 'username'@ 'hostname'[,'username'@ 'hostname'] …
```

上述语法格式中的权限类型表示收回的权限类型,字段列表表示权限作用的字段。如果不指定字段,则表示作用于整个数据表。

当用户拥有的权限比较多时,使用上述收回方式就比较烦琐,为此 MySQL 提供了一次性收回所有权限的功能。一次性收回用户所有权限的语法格式如下。

```
REVOKE ALL PRIVILEGES,
GRANT OPTION FROM 'username'@'hostname' [ , 'username'@'hostname']…
```

【任务实施】

1. 授予权限

技术人员在使用 admin_test 用户测试系统时,需要为 admin_test 用户授予数据库 student_score 的学生信息(student)表的 SELECT 权限,以及对 sno 和 sname 字段的插入权限。

步骤1:打开图 10 - 7 所示的界面,打开"hn"节点,单击"新建查询"按钮,新建查询窗口,在该窗口中输入以下语句。

```
GRANT SELECT, INSERT(sno,sname)
ON student_score. student
TO'admin_test'@ 'localhost';
```

步骤2:选中以上语句,单击"运行"按钮创建用户,用户创建成功,运行结果如图 10 - 7所示。

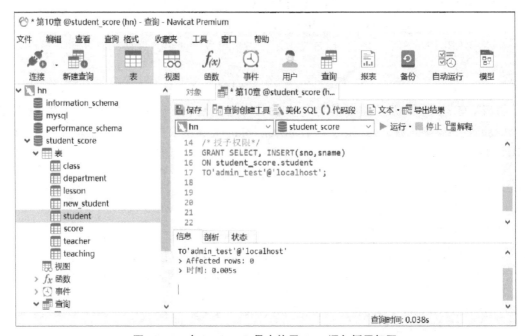

图 10 - 7 在 Navicat 工具中使用 SQL 语句授予权限

2. 查看权限

技术人员授予了 admin_test 用户对数据库 student_score 的学生信息（student）表的 SELECT 权限，以及对 sno 和 sname 字段的插入权限。现需要查看权限。

步骤：打开图 10-8 所示的界面，使用 SELECT 语句查询 mysql. user 表中的数据，验证用户是否创建成功。以查询用户 admin_test 为例，运行结果如图 10-8 所示。

```
SHOW GRANTS FOR 'admin_test'@ 'localhost';
```

图 10-8　在 Navicat 工具中使用 SQL 语句查看用户权限（1）

从上述执行结果可以得出，admin_test 用户对数据库 student_score 的学生（student）表有查询权限，对学生（student）表中的 sno 和 snamc 字段有插入权限。

3. 收回权限

技术人员对系统的测试任务已经完成，需要将 admin_test 用户在 student_score. student 表中字段 sno 和 sname 上的 INSERT 权限进行收回。

步骤：打开图 10-9 所示的界面，打开"hn"节点，单击"新建查询"按钮，新建查询窗口，在该窗口中输入以下语句。

```
REVOKE INSERT( sno,sname)ON student_score. student
FROM 'admin_test'@ 'localhost';
```

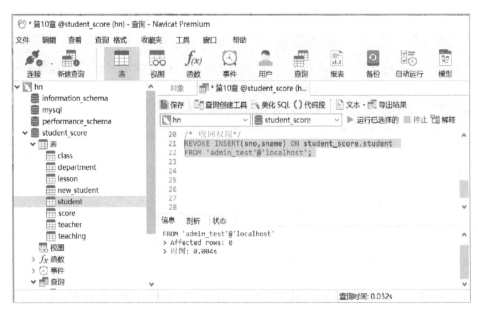

图 10－9　在 Navicat 工具中使用 SQL 语句收回用户权限（1）

　　从上述语句的执行结果可以得出，收回 admin＿test 用户权限的语句成功执行。从 mysql. column_priv 中查看 admin_test 用户的列权限，验证 admin_test 用户的相应权限是否收回成功，具体 SQL 语句如下，执行结果如图 10－10 所示。

```
SELECT db,table_name, column_name, column_priv
FROM mysql. columns_priv
WHERE user ='admin_test';
```

图 10－10　在 Navicat 工具中使用 SQL 语句查看用户权限（2）

从上述执行结果可以得出，使用 REVOKE 语句收回了用户 admin_test 的插入权限。技术人员暂时不需要使用用户 admin_test 作为系统的测试账户，想要收回其所有权限，具体 SQL 语句如下，执行结果如图 10 – 11 所示。

```
REVOKE ALL PRIVILEGES,
GRANT OPTION FROM 'admin_test'@ 'localhost';
```

图 10 – 11　在 Navicat 工具中使用 SQL 语句收回用户权限（2）

此时，使用 SHOW GRANTS 语句查看用户 admin_test 的权限信息，具体 SQL 语句如下，执行结果如图 10 – 12 所示。

```
SHOW GRANTS FOR 'admin_test'@ 'localhost';
```

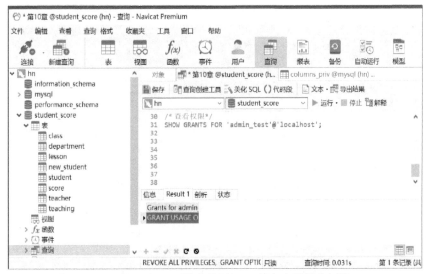

图 10 – 12　在 Navicat 工具中使用 SQL 语句查看用户权限（3）

从上述显示结果可以看出，用户 admin_test 只剩下 USAGE 权限信息。在 MySQL 中，USAGE 表示用户没有权限。需要注意的是，使用 REVOKE 语句，必须拥有 MySQL 数据库的全局 CREATE USER 权限或 UPDATE 权限。

课后练习

使用 SQL 语句创建触发器：

1）请为用户名为"admin_test"、密码为"123abc"的用户授予查看数据库 employeeManager 的权限。

2）请创建"manager"用户并授予创建用户和删除用户的管理权限。

参考文献

［1］黑马程序员. MySQL 数据库原理、设计与应用 ［M］. 北京：清华大学出版社，2019.

［2］传智播客高教产品研发部. MySQL 数据库入门 ［M］. 北京：清华大学出版社，2022.

［3］郑明秋，蒙连超，赵海侠. MySQL 数据库实用教程 ［M］. 北京：北京理工大学出版社，2017.

［4］周德伟. MySQL 数据库基础实例教程 ［M］. 北京：人民邮电出版社，2017.